PETIT TRAITÉ

DE

Calcul mental

à l'usage des Maîtres

PAR MM.

A. SURIER
INSPECTEUR PRIMAIRE.

G. DURET
DIRECTEUR D'ÉCOLE.

« La répétition est l'âme de l'enseignement. »

PARIS

IMPRIMERIE ET LIBRAIRIE CLASSIQUES

DELALAIN FRÈRES

115, BOULEVARD SAINT-GERMAIN, 115

CALCUL MENTAL

AVANT-PROPOS

Aux Maîtres.

Nous avons cherché dans ce Cours :

1° **A graduer méthodiquement les difficultés,** de façon à les vaincre facilement, sûrement, et à obtenir, par cela même, de rapides progrès.

2° **A représenter les nombres, au début, par des objets matériels d'une manœuvre facile et prompte.**

Aucun appareil ne nous a paru plus propre à cet usage que le boulier. Quatre planchettes formant cadre, dix tiges de fer fixées au cadre et munies de boules, alternativement rouges et noires, taillées, même grossièrement, dans des branches de sureau, un pied cloué au cadre et pénétrant exactement dans le trou d'un encrier, constituent un boulier économique d'un service égal à celui du boulier le plus élégant. Notre Cours peut, du reste, être appliqué avec des objets autres que le boulier ; seul le mot boule serait à changer.

3° **A supprimer toute fatigue aux maîtres.**

Rien n'est fastidieux et fatigant comme de composer et d'énoncer des combinaisons pendant une demi-heure ou plus ; le larynx le mieux constitué ne saurait y résister. Nos exercices de calcul proprement dits sont de deux sortes : *exercices au boulier, exercices au tableau.* Dans les exercices au boulier, le maître n'a qu'à manœuvrer des boules ; dans les exercices au tableau, il n'a qu'à surveiller l'énoncé des questions et les réponses. Ce sont des exercices de repos pour le maître, et, comme il convient, d'action pour l'élève.

4° **A être assez complets pour qu'un moniteur, muni du livre, puisse faire la leçon très fructueusement.**

AVIS IMPORTANT

Nos leçons comprennent, en général, trois séries d'exercices :

1° Un exercice de démonstration.

(Tous les calculs au tableau des chapitres IV et V peuvent être démontrés au boulier.) Cet exercice s'adresse à l'intelligence des élèves ; il suffit qu'ils le comprennent.

2° Un exercice de calcul.

Cet exercice s'adresse à la mémoire. Il ne faut pas se le dissimuler, le calcul, avec ses combinaisons simples, est essentiellement un exercice de mémoire. Si nous prenons 4 bâtonnets dans la main gauche et 3 dans la main droite, et si nous demandons, en les rapprochant, combien font 4 et 3, l'élève ne répondra 7 qu'après avoir compté par unité de 4 à 7 ; il saura que 4 et 3 font 7 seulement lorsque, par la répétition, il l'aura gravé dans sa mémoire. Les exercices de calcul seront donc répétés autant de fois qu'il sera nécessaire pour qu'ils soient bien sus. Nous conseillons le calcul collectif, qui occupe et entraîne tous les élèves. Comme moyen de contrôle, le maître fera répéter l'exercice individuellement.

Dans les calculs au boulier, le contrôle individuel se fera de la manière suivante : l'élève ira au boulier, manœuvrera les boules lui-même et comptera tout à la fois, unissant ainsi l'exercice d'intelligence à l'exercice de mémoire.

3° Un exercice d'application.

Cet important exercice, composé principalement de problèmes simples, où l'intelligence joue un rôle plus actif que la mémoire, devra être répété plusieurs fois. Ce sera une excellente initiation aux problèmes de calcul écrit.

CALCUL MENTAL

CHAPITRE I

Calcul par unité de 1 à 10.

NOMBRE UN.

Savez-vous combien vous avez de jambes, de bras, d'oreilles, de doigts? Combien vous avez de sœurs, de frères?

Pour le savoir, il faut apprendre à compter.

On compte avec des nombres.

Regardez ces crayons. Je vous en présente un.

Un est un nombre.

Il représente un objet seul. Voici 1 boule, 1 porte-plume, 1 livre, 1 cahier.

Levez une main, un doigt.

Combien un chien a-t-il de têtes? une poule de becs?

Combien chacun de vous a-t-il de bouches, de nez, de fronts, de mentons?

NOMBRE DEUX.

Isoler une boule à l'une des tringles du boulier. La montrer. Combien y a-t-il de boules ici? J'en place une autre à côté; cela en fait deux.

Deux est un nombre.

Voici 2 crayons, 2 règles, 2 livres.

Levez deux mains, deux doigts. Combien avons-nous de pieds, de bras, d'oreilles, d'yeux ? Combien une poule a-t-elle de pattes, d'ailes ?

Problèmes d'application. — Henri a 1 lapin blanc et 1 lapin gris. Combien a-t-il de lapins ?

Jules a 1 porte-plume en bois et 1 en os. Combien a-t-il de porte-plumes ?

Émile avait 2 noix ; il en a mangé 1. Combien lui en reste-t-il ?

Louis avait 2 billes ; il n'en a plus qu'une. Combien en a-t-il perdu ?

NOMBRE TROIS.

Le maître ou le moniteur, manœuvrant les boules, fait compter : 1 boule, 2 b.

Si à 2 boules on ajoute 1 boule, on obtient 3 boules.

Trois est un nombre.

Voici 3 livres, 3 cahiers, 3 règles. Levez 3 doigts.

Exercices de calcul. — 1° 1 boule, 2 b., 3 b.
Inversement, 3 b., 2 b., 1 b.

2° Sans énoncer le mot boule : 1, 2, 3.
Inversement, 3, 2, 1.

3° Une boule et 1 b. font 2 b. ; 2 b. et 1 b. font 3 b.
Inversement, si de 3 b. j'en ôte 1, il en reste 2 ; si de 2 b., etc.

4° Comme au n° 3, en comptant des pommes.

Problèmes d'application. — Jules a une bille bleue, une verte et une rouge. Combien a-t-il de billes ?

Léon a 2 paires de bas de coton et 1 paire de bas de laine. Combien a-t-il de paires de bas ?

Louise avait 3 noisettes ; elle en a mangé 1. Combien lui en reste-t-il ?

Henri avait 3 bons points ce matin ; ce soir il n'en a plus que 2. Combien en a-t-il perdu ?

1.

NOMBRE QUATRE.

Le maître ou le moniteur, manœuvrant les boules, fait compter : 1 boule, 2 b., 3 b.

Si à 3 boules on ajoute 1 boule, on obtient 4 boules.

Quatre est un nombre.

Voici 4 livres, 4 cahiers, 4 crayons. Levez 4 doigts.

Exercices de calcul. — 1° 1 boule, 2 b., 3 b., 4 b.
Inversement, 4 b., 3 b., 2 b., 1 b.

2° Sans énoncer le mot boule : 1, 2, 3, 4.
Inversement, 4, 3, 2, 1.

3° 1 boule et 1 b. font 2 b.; 2 b. et 1 b. font 3 b., etc.
Inversement, si de 4 b. j'en ôte 1, il en reste 3; si de 3 b., etc.

4° Une orange et une orange font 2 oranges, etc.
Inversement, si sur 4 oranges j'en mange 1, il en reste 3, etc.

Problèmes d'application. — Maxime a gagné 3 bons points le matin et 1 le soir. Combien a-t-il gagné de bons points?

Louis avait 4 sous; il a acheté un cahier d'un sou. Combien lui reste-t-il de sous?

Émile avait 4 noix; il en a encore 3. Combien en a-t-il mangé?

Augustine a une pelote de laine rouge, une bleue, une blanche et une verte. Combien a-t-elle de pelotes de laine?

NOMBRE CINQ.

Faire compter 1 boule, 2 b., 3 b., 4 b.

Si à 4 b. on ajoute 1 boule, on obtient 5 boules.

Cinq est un nombre.

Voici 5 livres, 5 règles. Levez 5 doigts.

Exercices de calcul. — 1° 1 boule, 2 b..., etc.
Inversement, 5 b., 4 b., etc.

2° Sans énoncer le mot boule : 1, 2, 3, 4, 5.
Inversement, 5, 4, 3, 2, 1.

3° Une boule et 1 b. font 2 b.; 2 b. et 1 b. font 3 b., etc.
Inversement, si de 5 b. j'en ôte 1 il en reste 4; si de 4 b., etc.

4° Une dragée et 1 dragée font 2 dragées, etc.
Inversement, si sur 5 dragées j'en mange 1, il en reste 4, etc.

Problèmes d'application. — Isidore avait 4 images; il vient d'en gagner une autre. Combien cela lui en fait-il?

Louise, au contraire, avait 5 images; elle vient d'en perdre une. Combien lui en reste-t-il?

Léon qui a été sage a gagné un bon point le lundi, 1 le mardi, 1 le mercredi, 1 le vendredi et 1 le samedi. Combien a-t-il gagné de bons points?

Julienne avait 4 bons points ce matin; elle en a 5 ce soir. Combien en a-t-elle gagné?

NOMBRE SIX.

Faire compter : 1 b., 2 b., 3 b., 4 b., 5 b.
Si à 5 boules on ajoute 1 b., on obtient 6 boules.
Six est un nombre. Voici 6 doigts.

Exercices de calcul. — 1° 1 b., 2 b., 3 b., 4 b., 5 b., 6 b.
Inversement, 6 b., 4 b., etc.

2° Sans énoncer le mot boule : 1, 2, 3, 4, 5, 6.
Inversement, 6, 5, 4, 3, 2, 1.

3° Une boule et 1 b. font 2 b.; 2 b. et 1 b. font 3 b., etc.
Inversement, si de 6 b. j'en ôte 1 il en reste 5; si de 5 b., etc.

4° Une plume et 1 plume font 2 plumes; 2 pl. et 1 pl. font, etc.
Inversement, si sur 6 pl. j'en prête 1, il m'en reste 5, etc.

Problèmes d'application. — Jules avait 5 sous; sa mère lui en a donné 1. Combien en a-t-il?

Louise va chercher du poivre pour 6 sous; elle n'a que 5 sous. Combien lui manque-t-il?

Léon avait 6 billes; son camarade lui en a gagné 1. Combien lui en reste-t-il?

Jeannette va chercher du miel pour 5 sous. Elle donne 6 sous. Combien doit-on lui rendre?

NOMBRE SEPT.

Faire compter : 1 b., 2 b., 3 b., 4 b., 5 b., 6 b.
Si à 6 boules on ajoute 1 b., on obtient 7 b.
Sept est un nombre. Voici 7 doigts.

Exercices de calcul. — 1° 1 b., 2 b., 3 b., etc.
Inversement, 7, b., 6 b., 5 b., etc.

2° Sans énoncer le mot boule : 1, 2, 3, 4, 5, 6, 7.
Inversement, 7, 6, 5, 4, 3, 2, 1.

3° 1 b. et 1 b. font 2 b.; 2 b. et 1 b. font 3 b., etc.
Inversement, si de 7 b. j'en ôte 1, il en reste 6; si de 6 b., etc.

4° 1 bille et 1 b. font 2 b.; 2 billes et 1 b., etc.
Inversement, si sur 7 billes j'en perds 1, il m'en reste 6, etc.

Problèmes d'application. — Julien avait 6 billes; il vient d'en gagner 1 à Louis. Combien en a-t-il?

Léonie a 7 dragées; si elle en mange 1, combien lui en restera-t-il?

Il faudrait 7 bons points à Lucien pour avoir une image; il n'en a que 6. Combien lui en manque-t-il?

Henriette a 7 sous; son frère n'en a que 6. Combien en a-t-il de moins qu'Henriette?

NOMBRE HUIT.

Faire compter : 1 b., 2 b..., 7 b.
Si à 7 b. on ajoute 1 b., on obtient 8 b.
Huit est un nombre. Voici 8 doigts.

Exercices de calcul. — 1° 1 b., 2 b., 3 b., etc.
Inversement, 8 b., 7 b., etc.

2° Sans énoncer le mot boule : 1, 2,... etc.
Inversement, 8, 7,... etc.

3° 1 b. et 1 b. font 2 b.; 2 b. et 1 b. font 3 b., etc.
Inversement, si de 8 b. on en ôte 1, il en reste 7; si de 7 b., etc.

4° Une noix et 1 noix font 2 noix; 2 noix et 1 noix, etc.
Inversement, si sur 8 noix j'en mange 1, il en reste 7, etc.

Problèmes d'application. — Mon oncle avait 8 lapins; il en a tué 1. Combien lui en reste-t-il?

Eugénie avait 7 livres; son oncle lui en a payé un autre. Combien en a-t-elle?

Avant de jouer, Émile avait 8 billes; il n'en a plus que 7. Combien en a-t-il perdu?

Léonie avait 8 dragées; elle en a donné 1 à sa sœur. Combien lui en reste-t-il?

NOMBRE NEUF.

Faire compter : 1 b., 2 b..., 8 b.
Si à 8 boules on ajoute 1 b., on obtient 9 b.
Neuf est un nombre. Voici 9 doigts.

Exercices de calcul. — 1° 1 b., 2 b., 3 b., etc.
Inversement, 9 b., 8 b..., etc.

2° Sans énoncer le mot boule : 1, 2, 3,... etc.
Inversement, 9, 8, 7,... etc.

3° 1 b. et 1 b. font 2 b.; 2 b. et 1 b. font 3 b., etc.
Inversement, si sur 9 b. j'en ôte 1, il en reste 8, etc.

4° Une prune et 1 pr. font 2 pr.; 2 prunes et 1 pr., etc.
Inversement, si sur 9 pr. j'en mange 1, il en reste 8, etc.

Problèmes d'application. — Le jardinier a vendu 8 artichauts hier et 1 ce matin. Combien a-t-il vendu d'artichauts?

Un fermier avait 9 vaches; il en a vendu 1. Combien lui en reste-t-il?

Émile avait 9 pêches; il lui en reste 8. Combien en a-t-il mangé?

Louise a 6 lapins gris, 1 noir, 1 blanc et 1 gris-blanc. Combien a-t-elle de lapins?

NOMBRE DIX.

Faire compter : 1 b., 2 b..., 9 b.

Si à 9 b. on ajoute 1 b., on obtient 10 boules.

Dix est un nombre. On dit dix ou une dizaine. Voici 10 doigts.

Exercices de calcul. — 1º 1 b., 2 b..., etc.
Inversement, 10 b., 9 b..., 1 b.

2º Sans énoncer le mot boule : 1, 2, 3, etc.
Inversement, 10, 9, 8, etc.

3º 1 b. et 1 b. font 2 b.; 2 b. et 1 b. font 3 b., etc.
Inversement, si de 10 b. on en ôte 1, il en reste 9; si de 9 b., etc.

4º 1 bon point et 1 b. p. font 2 b. p., etc.
Inversement, si sur 10 b. p. j'en perds 1, il m'en reste 9, etc.

Problèmes d'application. — Émile a 9 ans et son frère a 1 an de plus. Quel est l'âge de son frère?

Combien faudrait-il ajouter d'œufs à 9 pour en avoir 10?

Louise avait 10 poires; elle en a donné 1 à sa sœur. Combien lui en reste-t-il?

Henri a 10 ans et sa sœur 9 ans. Combien a-t-elle de moins qu'Henri?

REVISION.

Exercices de calcul. — 1º Sans énoncer le mot boule : 1 et 1, 2; et 1, 3; et 1, 4, etc.

2º Après avoir fait comprendre que lorsqu'on dit moins une boule, c'est comme si l'on disait qu'on en ôte une : 10 b. moins 1 b. font 9 b.; 9 b. moins 1 b., etc.; puis 10 — 1, 9; 9 — 1, 8, etc.

Exercices et problèmes d'application. — Combien font : 8 arbres et 1, 3 feuilles et 1, 6 branches et 1, 1 fleur et 1, 4 carottes et 1, 7 choux et 1, 9 raves et 1, 2 chevaux et 1, 5 plumes et 1, 6 crayons et 1?

Combien font : 7 billes moins 1. 2 porte-plumes moins 1, 5 crayons moins 1, 8 cahiers moins 1, 10 bons points moins 1, 4 livres moins 1, 9 lettres moins 1, 6 régles moins 1, 3 couteaux moins 1?

Louis a 10 noix ; s'il en mange une, combien lui en restera-t-il?

Un élève avait 6 bons points ; il en a gagné 1 le matin et 1 le soir. Combien en a-t-il? Combien lui en resterait-il s'il en perdait 1?

Émile avait 3 sous ; sa maman lui en a donné 1. Combien cela lui en fait-il? Son papa 1. Combien cela lui en fait-il? Combien lui en restera-t-il s'il achéte un cahier d'un sou?

Louise avait 8 sous ; elle a acheté un porte-plume d'un sou. Combien lui reste-t-il?

Eugéne avait 6 sous : il a acheté un gâteau d'un sou. Combien de sous lui reste-t-il?

Jeanne avait 8 sous ; elle a fait une commission et on lui a donné un sou. Combien a-t-elle de sous?

CHAPITRE II

Calcul par unité de 10 à 100.

DE 10 A 20.

Au lieu de dire *2 dizaines* on dit *vingt.*

Faire compter : 10 boules, 20 b.

Inversement, 20 b., 10 b.

Pour compter toutes les boules entre 10 et 20, on ajoute à 10, successivement et une à une, toutes les boules de la 2ᵉ dizaine.

Ainsi, faire compter 10 b., 10 b. et 1 b., 10 b. et 2 b., etc.; puis 10, 1 ; 10, 2 ; 10, 3, etc.

Au lieu de dire dix un, on dit onze, etc.

Et on dit bien dix-sept, dix-huit, dix-neuf.

Exercices de calcul. — 1° 10 b., 11 b., 12 b., etc.
Inversement, 20 b., 19 b., 18 b., etc.

2° Sans énoncer le mot boule : 10, 11, 12, etc.
Inversement, 20, 19, 18, etc.

3° 1 diz. de b. et 1 b. font 11 b.; 1 diz. de b. et 2 b. font
12 b., etc.
Inversement, 10 b. c'est 1 diz.; 11 b. c'est 1 diz. et 1 b., etc.

4° 10 b. et 1 b. font 11 b.; 11 b. et 1 b. font 12 b., etc.
Inversement, 20 b. moins 1 b. font 19 b.; 19 b. moins
1 b., etc.

5° Même exercice que le précédent avec des plumes.

Problèmes d'application. — Louis avait 15 bons points; il en
a gagné un autre. Combien en a-t-il?

Le cahier de Louise avait 18 feuilles; elle en a déchiré une.
Combien reste-t-il de feuilles à son cahier? Combien en resterait-il
si elle en déchirait une autre?

Une ménagère avait une dizaine d'œufs et 4 œufs. Combien
avait-elle d'œufs? Elle en a cassé 1. Combien lui en reste-t-il?

Dans un épi d'orge il y a 19 grains, dans un autre 18. Combien
en moins?

Louis a 12 billes, Henri en a 1 de plus. Combien en a-t-il?

Léon a 20 billes, Jules en a 1 de moins. Combien en a-t-il?

Pauline avait 12 noix; elle n'en a plus que 11. Combien en a-t-elle
mangé?

Louise a 15 bons points et Marie 16. Quelle est celle qui en a le
plus? Combien en a-t-elle de plus?

DE 20 A 30.

Au lieu de dire *3 dizaines*, on dit *trente*.
Faire compter : 10 b., 20 b., 30 b.
Inversement, 30 b., 20 b., 10 b.
Pour compter toutes les boules de 20 à 30, on ajoute
à 20, successivement et une à une, toutes les boules
de la 3e dizaine.
On compte entre 20 et 30 comme entre 1 et 10.
Ainsi, 24 et 1 font 25, comme 4 et 1 font 5.

Exercices de calcul. — 1° 20 b. et 1 b.; 20 b. et 2 b., etc.
2° 20 b., vingt... une b., vingt... deux b., etc.
Inversement, 30 b., vingt...neuf b., vingt...huit b., etc.

3° Sans énoncer le mot boule : 20, 21, 22, etc.
Inversement, 30, 29, 28, etc.

4° 2 diz. font 20 b., 2 diz. et 1 b. font 21 b., etc.
Inversement, 20 b. font 2 diz., 21 b. font 2 diz. et 1 b., etc.

5° 20 b. et 1 b. font 21 b.; 21 b. et 1 b. font 22 b., etc.
Inversement, 30 b. moins 1 b. font 29 b.; 29 b. moins
1 b., etc.

6° Même exercice que le précédent, en comptant des
moutons.

Problèmes d'application. — Un jeune homme a 27 ans. Quel
âge aura-t-il dans un an?

Hier il y avait 24 élèves à l'école; aujourd'hui il y en a 1 de
moins. Combien y en a-t-il?

Une fermière avait 3 dizaines de poules. Combien avait-elle de
poules? Elle en a vendu 1. Combien lui en reste-t-il?

Louis a 21 bons points et Henri 22. Combien Henri en a-t-il de
plus que Louis?

Léon a 26 lignes de copie à faire; il en a déjà fait 25. Combien
lui en reste-t-il à faire?

Un enfant a 20 billes; s'il en gagne 1, combien en aura-t-il?

DE 30 A 40.

Au lieu de dire *4 dizaines* on dit *quarante*.
Faire compter : 10 b., 20 b., 30 b., 40 b.
Inversement, 40 b., 30 b., etc.
Pour compter toutes les boules de 30 à 40, on ajoute
à 30, successivement et une à une, toutes les boules
de la 4° dizaine.

On compte entre 30 et 40 comme entre 1 et 10.
Ainsi, 33 b. et 1 b. font 34 b., comme 3 b. et 1 b.
font 4 b.

Exercices de calcul. — 1° 30 b., 30 b. et 1 b., 30 b. et 2 b., etc.

2° Trente b., trente…une b., trente…deux b., etc.
Inversement, 40 b., trente…neuf b., trente-huit b., etc.

3° Sans énoncer le mot boule : 30, 31, 32, etc.
Inversement, 40, 39, 38, etc.

4° 3 diz. font 30 b., 3 diz. et 1 b. font 31 b., 3 diz. et 2 b., etc.
Inversement, 30 b. c'est 3 diz., 31 b. c'est 3 diz. et 1 b., etc.

5° 30 b. et 1 b. font 31 b., 31 b. et 1 b. font 32 b., etc.
Inversement, 40 b. moins 1 b. font 39 b., 39 b. moins 1 b., etc.

6° Même exercice que le précédent, en comptant des images.

Problèmes d'application. — Le cahier d'Henri avait 32 feuilles ; il en a déchiré 1. Combien reste-t-il de feuilles à son cahier ?

Léon a 40 billes. S'il en donne 1 à son petit frère, combien lui en restera-t-il ?

Étienne a 37 ans et Louis a un an de plus. Quel est l'âge de Louis ?

Une marchande a reçu 35 fr. pour du beurre et 1 fr. pour des légumes. Combien a-t-elle reçu ?

J'ai 38 sous ; il m'en manque 1 pour acheter un chapeau. Combien coûte le chapeau ?

Si j'avais un bon point de plus j'en aurais 33. Combien ai-je de bons points ?

DE 40 A 50.

Au lieu de dire *5 dizaines* on dit *cinquante*.
Faire compter : 10 b., 20 b…, 50 b.
Inversement, 50 b., 40 b., etc.
Pour compter les boules entre 40 et 50, on ajoute à 40, successivement et une à une, toutes les boules de la 5° dizaine.

On compte entre 40 et 50 comme entre 1 et 10.

Ainsi, 47 b. et 1 b. font 48 b., comme 7 b. et 1 b. font 8 b.

Exercices de calcul. — 1° 40 b., 40 b. et 1 b., 40 b. et 2 b., etc.

2° 40 b., quarante...une b., quarante...deux boules, etc.

Inversement, 50 b., quarante...neuf b., quarante...huit b., etc.

3° Sans énoncer le mot boule : 40, 41, 42, etc.

Inversement, 50, 49, 48, etc.

4° 4 diz. font 40 b., 4 diz. et 1 b. font 41 b., etc.

Inversement, 40 b. c'est 4 diz., 41 b. c'est 4 diz. et 1 b., etc.

5° 40 b. et 1 b. font 41 b., 41 b. et 1 b. font 42 b., etc.

Inversement, 50 b. moins 1 b. font 49 b., 49 b. moins 1 b., etc.

6° Même exercice que le précédent, en comptant des sous.

Problèmes d'application. — Dans une bergerie il y a 40 brebis et un bélier. Combien y a-t-il de moutons?

Une ménagère a 49 assiettes de faïence et 1 de porcelaine. Combien a-t-elle d'assiettes?

Une marchande avait 48 plats; elle en a cassé 1. Combien lui en reste-t-il?

Une famille avait acheté 46 litres de vin; il ne lui en reste plus qu'un. Combien en a-t-elle bu?

Henri a 42 bons points et Émile 43. Combien Émile en a-t-il de plus qu'Henri?

Mon père a 49 ans, ma mère a un an de moins. Quel est l'âge de ma mère?

DE 50 A 60.

Au lieu de dire *6 dizaines* on dit *soixante.*

Faire compter : 10 b., 20 b., 30 b., etc.

Inversement, 60 b., 50 b., 40 b., etc.

Pour compter les boules entre 50 et 60, on ajoute à 50, successivement et une à une, toutes les boules de la 6° dizaine.

On compte entre 50 et 60 comme entre 1 et 10.

Ainsi 55 b. et 1 b. font 56 b., comme 5 b. et 1 b. font 6 b.

Exercices de calcul. — 1° 50 b., 50 b. et 1 b., 50 b. et 2 b., etc.

2° 50 b., cinquante...une b., cinquante...deux b., etc.
Inversement, 60 b., cinquante...neuf b., cinquante...huit b., etc.

3° Sans énoncer le mot boule : 50, 51, 52, etc.
Inversement, 60, 59, 58, etc.

4° 5 diz. font 50 b., 5 diz. et 1 b. font 51 b., 5 diz. et 2 b. font 52 b.
Inversement, 50 b. c'est 5 diz., 51 b. c'est 5 diz. et 1 b., etc.

5° 50 b. et 1 b. font 51 b., 51 b. et 1 b. font 52 b., etc.
Inversement, 60 b. moins 1 b. font 59 b., 59 b. moins 1 b., etc.

6° Même exercice que le précédent, en comptant des noisettes.

Problèmes d'application. — Un chapelier a vendu 57 chapeaux de paille et 1 chapeau de feutre. Combien a-t-il vendu de chapeaux?
Un pâtre garde 52 vaches et 1 âne. Combien garde-t-il d'animaux?
Un vitrier avait 56 carreaux à poser; il n'en a posé qu'un. Combien lui en reste-t-il à poser?
J'aurais besoin de 60 planches, je n'en ai que 59. Combien m'en manque-t-il?
Une fermière a emporté 54 œufs au marché; en chemin elle en a cassé 1. Combien lui en reste-t-il à vendre?
Une ouvrière a 52 mètres de ruban bleu et 1 mètre de ruban blanc. Combien a-t-elle de mètres de ruban?

DE 60 A 70.

Au lieu de dire 7 *dizaines* on dit *soixante-dix*.
Faire compter : 10 b., 20 b., 30 b., etc.
Inversement, 70 b., 60 b., 50 b., etc.
Pour compter les boules entre 60 et 70, on ajoute à 60, successivement et une à une, toutes les boules de la 7ᵉ dizaine.

On compte entre 60 et 70 comme entre 1 et 10.

Ainsi 68 b. et 1 b. font 69 b., comme 8 b. et 1 b. font 9 b.

Exercices de calcul. — 1° 60 b., 60 b. et 1 b., 60 b. et 2 b., etc.

2° 60 b., soixante…une b., soixante…deux b., etc.

Inversement, 70 b., soixante…neuf b., soixante…huit b., etc.

3° Sans énoncer le mot boule : 60, 61, 62, etc.

Inversement, 70, 69, 68, 67, etc.

4° 6 diz. et 1 b. font 61 b., 6 diz. et 2 b. font 62 b., etc.

Inversement, 60 b. font 6 diz., 61 b. font 6 diz. et 1 b., etc.

5° 60 b. et 1 b. font 61 b., 61 b. et 1 b. font 62 b., etc.

Inversement, 70 b. moins 1 b. font 69 b., 69 b. moins 1 b. font 68 b., etc.

6° Même exercice que le précédent, en comptant des poires.

Problèmes d'application. — Dans un champ, il y a 66 noyers et un châtaignier. Combien y a-t-il d'arbres?

Dans un verger, il y a 63 pommiers et dans un autre 64. Combien y en a-t-il de plus dans le 2e?

Mon père avait 70 poiriers dans son verger, il en a abattu 1. Combien en reste-t-il?

Jean a 68 noisettes, Jules en a 1 de moins. Combien en a-t-il?

Si j'avais une noix de plus, j'en aurais 62. Combien en ai-je?

Si j'avais une bille de moins, j'en aurais 68. Combien en ai-je?

DE 70 A 80.

Au lieu de dire *8 dizaines* on dit *quatre-vingts.*

Faire compter : 10 b., 20 b., 30 b., etc.

Inversement, 80 b., 70 b., 60 b., etc.

Pour compter les boules entre 70 et 80, on ajoute à 70, successivement et une à une, toutes les boules de la 8e dizaine.

On compte entre 70 et 80 comme entre 10 et 20.

Ainsi 74 b. et 1 b. font 75 b., comme 14 b. et 1 b. font 15 b.

Exercices de calcul. — 1° 70 b., 71 b., 72 b., etc. *Inversement*, 80 b., 79 b., 78 b., etc.

2° Sans énoncer le mot boule : 70, 71, 72, etc. *Inversement*, 80, 79, 78, etc.

3° 7 diz. font 70 b., 7 diz. et 1 b. font 71 b., etc. *Inversement*, 70 b. font 7 diz., 71 b. font 7 diz. et 1 b., etc.

4° 70 b. et 1 b. font 71 b., 71 b. et 1 b. font 72 b., etc. *Inversement*, 80 b. moins 1 b. font 79 b., 79 b. moins 1 b., etc.

5° Même exercice que le précédent, en comptant des melons.

Problèmes d'application. — Une marchande a 73 mètres de ruban bleu et 1 mètre de ruban rouge. Combien a-t-elle de mètres de ruban?

Un libraire a vendu 77 grammaires et 1 géographie. Combien a-t-il vendu de livres?

Un homme occupait 80 ouvriers; il en a renvoyé 1. Combien en occupe-t-il encore?

Pour faire un ouvrage, un homme devait mettre 72 jours; il n'a mis que 71 jours. Combien en moins?

Un tisserand avait 76 mètres de toile à faire; il ne lui en reste plus qu'un mètre à faire. Combien a-t-il fait de mètres?

Un boucher a acheté un veau pour 74 fr. et il a donné 1 fr. en plus. Combien a-t-il payé le veau?

DE 80 A 90.

Au lieu de dire *9 dizaines* on dit *quatre-vingt-dix*.

Faire compter : 10 b., 20 b., 30 b., etc. *Inversement*, 90 b., 80 b., 70 b., etc.

Pour compter les boules entre 80 et 90, on ajoute à 80, successivement et une à une, toutes les boules de la 9ᵉ dizaine.

On compte entre 80 et 90 comme entre 1 et 10.

Ainsi 83 b. et 1 b. font 84 b., comme 3 b. et 1 b. font 4 b.

Exercices de calcul. — 1° 80 b. et 1 b., 80 b. et 2 b., etc.

2° 80 b., quatre-vingt...une b., quatre-vingt...deux b., etc.
Inversement, 90 b., quatre-vingt...neuf b., quatre-vingt... huit b., etc.

3° Sans énoncer le mot boule : 80, 81, 82, etc.
Inversement, 90, 89, 88, etc.

4° 8 diz. font 80 b., 8 diz. et 1 b. font 81 b., 8 diz. et 2 b., etc.
Inversement, 80 b. c'est 8 diz., 81 b. c'est 8 diz. et 1 b., etc.

5° 80 b. et 1 b. font 81 b., 81 b. et 1 b. font 82 b., etc.
Inversement, 90 b. moins 1 b. font 89 b., 89 b. moins 1 b. font 88 b., etc.

6° Même exercice que le précédent, en comptant des billes.

Problèmes d'application. — Un homme avait 82 fr.; il a gagné 1 fr. Combien a-t-il?

Un débitant a vendu 86 litres de vin rouge et 1 litre de vin blanc. Combien a-t-il vendu de litres de vin?

Un homme occupait 85 ouvriers; il n'en occupe plus que 84. Combien en moins?

Un livre avait 81 feuillets; on en a déchiré 1. Combien en reste-t-il?

Un piéton a parcouru 86 kilomètres et il a encore 1 kilomètre à faire. Combien doit-il faire de kilomètres?

Quelle différence y a-t-il entre 89 pommes et 88 pommes?

DE 90 A 100.

Au lieu de dire *dix dizaines* on dit *cent*.

Faire compter : 10 b., 20 b., 30 b., etc.

Inversement, 100 b., 90 b., 80 b., etc.

Pour compter les boules entre 90 et 100, on ajoute à 90, successivement et une à une, toutes les boules de la 10° dizaine.

On compte entre 90 et 100 comme entre 10 et 20.

Ainsi 91 b. et 1 b. font 92 b., comme 11 b. et 1 b. font 12 b.

Exercices de calcul. — 1° 90 b., 91 b., 92 b., etc. *Inversement*, 100 b., 99 b., 98 b., etc.

2° Sans énoncer le mot boule : 90, 91, 92, etc. *Inversement*, 100, 99, 98, etc.

3° 9 diz. font 90 b., 9 diz. et 1 b. font 91 b., 9 diz. et 2 b., etc.

Inversement, 90 b. c'est 9 diz., 91 b. c'est 9 diz. et 1 b., etc.

4° 90 b. et 1 b. font 91 b., 91 b. et 1 b. font 92 b., etc.

Inversement, 100 b. moins 1 b. font 99 b., 99 b. moins 1 b., etc.

5° Même exercice que le précédent, en comptant des amandes.

Problèmes d'application. — Ma grand'mère a 90 ans et mon grand-père a 1 an de plus. Quel est l'âge de mon grand-père?

Dans une école il y avait hier 94 élèves; aujourd'hui il y en a 95. Combien en plus?

Un abricotier a donné 97 abricots, un autre en a donné 1 de moins. Combien en a-t-il donné?

Un fermier a 93 moutons, un autre fermier en a 94. Combien ce dernier en a-t-il de plus que l'autre?

Un fermier a 100 moutons; s'il en perd 1, combien lui en restera-t-il?

J'ai mangé 97 noisettes et il m'en reste 1. Combien en avais-je?

REVISION.

Exercices de calcul. — 1° 10, 20, 30, etc. *Inversement*, 100, 90, 80, etc.

2° Une diz., 10; 2 diz., 20, etc. *Inversement*, 10 c'est une diz., 20 c'est 2 diz., etc.

3° 1, 2, 3, 4, etc., jusqu'à 100. *Inversement*, 100, 99, 98, etc.

4° Répéter le même exercice sans le secours du boulier.

Applications. — Combien font 2 diz. d'œufs, 5 diz. de pommes, 7 diz. de pêches, 4 diz. de prunes, 1 diz. d'abricots, 3 diz. d'oranges, 8 diz. de noisettes, 6 diz. d'amandes, 9 diz. de cerises, 10 diz. de noix ?

Combien font 33 et 1, 45 et 1, 53 et 1, 67 et 1, 98 et 1, 13 et 1, 24 et 1, 76 et 1, 35 et 1, 46 et 1. 57 et 1, 69 et 1, 15 et 1, 38 et 1, 49 et 1. 75 et 1, 83 et 1, 91 et 1, 49 et 1, 52 et 1, 60 et 1, 78 et 1, 87 et 1, 99 et 1, 12 et 1, 21 et 1, 44 et 1, 56 et 1, 71 et 1, 90 et 1, 11 et 1, 32 et 1, 74 et 1. 85 et 1, 96 et 1, 77 et 1, 14 et 1, 70 et 1, etc.

Combien font 11 — 1, 29 — 1, 40 — 1, 48 — 1, 59 — 1, 64 — 1, 76 — 1. 87 — 1, 94 — 1, 18 — 1, 65 — 1, 32 — 1. 49 — 1, 60 — 1, 66 — 1, 80 — 1, 90 — 1, 27 — 1, 19 — 1, 30 — 1. 38 — 1. 44 — 1, 55 — 1, 69 — 1, 96 — 1, 89 — 1, 95 — 1, 17 — 1, 23 — 1, 35 — 1, 41 — 1, 74 — 1, 62 — 1, 85 — 1, 98 — 1, 26 — 1, 37 — 1, 43 — 1, 56 — 1, 67 — 1, 83 — 1, 93 — 1. 24 — 1, 31 — 1, 42 — 1, 51 — 1, 52 — 1, 81 — 1, 21 — 1, 63 — 1, 82 — 1. etc.

— ∞ —

CHAPITRE XII

Calcul par 2.

DE 1 A 11.

Exercices de calcul. — 1º 2 b. et 2 b. font 4 b.; 4 b. et 2 b. font 6 b., etc.

Inversement, 10 b. moins 2 b. font 8 b.; 8 b. moins 2 b., etc.

2º Sans énoncer le mot boule : 2 et 2, 4; 4 et 2, 6, etc.
Inversement, 10 — 2, 8; 8 — 2, 6.

2.

3° 2, 4, 6, 8, 10.

Inversement, 10, 8, 6, 4, 2.

4° Répéter successivement ces trois exercices, en commençant par 1.

Exercices et problèmes d'application. — 1° 2 chiens et 2, 5 chats et 2, 9 brebis et 2, 8 bœufs et 2, 1 vache et 2, 6 chevaux et 2, 4 ânes et 2, 3 juments et 2, 7 moutons et 2?

2° 4 lièvres moins 2, 9 lapins moins 2, 2 perdrix moins 2, 8 cailles moins 2, 10 poules moins 2, 3 oies moins 2, 6 canards moins 2, 5 pinsons moins 2, 7 poissons moins 2, 11 serins moins 2?

3° Maxime a gagné 2 bons points le lundi et 2 le mardi. Combien a-t-il gagné de bons points?

Pierre a 7 pommes; combien lui en restera-t-il s'il en mange 2?

Un père a 9 garçons et 2 filles. Combien a-t-il d'enfants?

Un banc a 7 mètres. De combien faudrait-il l'allonger pour qu'il ait 9 mètres?

Marie et Augustine ont chacune deux images. Combien ont-elles d'images ensemble?

Henri avait 6 bons points; il en a gagné 2. Combien en a-t-il? Combien faudrait-il qu'il en gagne encore pour en avoir 10?

Une image coûte 9 sous; une autre coûte 2 sous de moins. Combien coûte-t-elle?

Le père de Jules a gagné 8 fr.; il en a dépensé 6. Combien lui reste-t-il?

Une ménagère achète de la viande pour 7 fr. et des légumes pour 2 fr. Combien dépense-t-elle?

Louise avait hier 5 bons points; aujourd'hui elle en a 7. Combien en a-t-elle gagné?

DE 10 A 24.

Exercices de calcul. — 1° 10 b. et 2 b. font 12 b.; 12 b. et 2 b., etc.

Inversement, 20 b. moins 2 b. font 18 b.; 18 b. moins 2 b., etc.

2° Sans énoncer le mot boule : 10 et 2, 12; 12 et 2, 14, etc.

Inversement, 20 — 2, 18; 18 — 2, 16, etc.

3° 10, 12, 14, etc.

Inversement, 20, 18, 16, etc.

4° Répéter successivement les trois exercices précédents avec les nombres impairs de 11 à 21 et réciproquement.

Exercices et problèmes d'application. — 1° 14 lapins et 2, 19 poires et 2, 16 prunes et 2, 17 crayons et 2, 12 chiens et 2, 15 encriers et 2, 18 porteplumes et 2, 10 livres et 2, 13 pages et 2, 11 lettres et 2 ?

2° 17 cailloux moins 2, 16 livres moins 2, 21 tables moins 2, 18 enfants moins 2, 19 cahiers moins 2, 20 tableaux moins 2, 12 cartes moins 2, 14 chiffres moins 2, 13 tasses moins 2, 15 plats moins 2 ?

3° J'ai acheté un parapluie pour 13 fr. et une paire de sabots pour 2 fr. Combien ai-je dépensé ? Combien me reste-t-il si j'avais 17 fr. ?

Le rémouleur a aiguisé 12 couteaux hier et 2 aujourd'hui. Combien a-t-il aiguisé de couteaux ? Combien lui en reste-t-il à aiguiser s'il en avait 16 ?

Mathieu a creusé 17 mètres de fossé hier et 2 ce matin. Combien a-t-il creusé de mètres ? Combien faut-il qu'il en creuse encore pour avoir 21 mètres ?

Un jardinier a coupé 14 bottes d'asperges et il en a vendu 2 bottes. Combien lui en reste-t-il à vendre ? Combien lui en resterait-il s'il en vendait encore 2 bottes ?

Un étameur a étamé 16 cuillers et 2 fourchettes. Combien a-t-il étamé de pièces ?

Un jardinier a récolté 20 melons et il en a vendu 2. Combien lui en reste-t-il ?

DE 20 A 31 *.

On compte entre 20 et 31 comme entre 1 et 11. Ainsi 22 b. et 2 b. font 24 b., comme 2 b. et 2 b. font 4 b.

Calcul par analogie. — 2 b. et 2 b. font 4 b.; 22 b. et 2 b. font 24 b.; 4 b. et 2 b. font 6 b.; 24 b. et 2 b., etc.

Inversement, 10 b. moins 2 b. font 8 b.; 30 b. moins 2 b. font 28 b.; 8 b. moins 2 b., etc.

---

* Les 9 leçons suivantes peuvent être remplacées par une seule leçon analogue à la leçon **Calcul par 3 de 1 à 100** de la page 48. Cette leçon unique serait alors la 2e leçon du chapitre V, et il y aurait lieu dès maintenant de passer au chapitre IV, page 31.

Exercices de calcul. — 1° 20 b. et 2 b. font 22 b.; 22 b. et 2 b., etc.

Inversement, 30 b. moins 2 b. font 28 b.; 28 b. moins 2 b., etc.

2° Sans énoncer le mot boule : 20 et 2, 22; 22 et 2, 24, etc.

Inversement, 30 — 2, 28; 28 — 2, 26, etc.

3° 20, 22, 24, etc.

Inversement, 30, 28, 26, etc.

4° Répéter successivement le calcul par analogie et les trois exercices qui précèdent, avec les nombres impairs de 21 à 31 et réciproquement.

Exercices et problèmes d'application. — 1° 21 sous et 2, 27 fr. et 2, 20 élèves et 2, 23 enfants et 2, 29 vieillards et 2, 25 porteplumes et 2, 28 crayons et 2, 26 plumes et 2, 22 plumiers et 2, 21 encriers et 2?

2° 24 cahiers moins 2, 28 livres moins 2, 25 élèves moins 2, 29 tableaux moins 2, 30 chaises moins 2, 22 carreaux moins 2, 31 boules moins 2, 27 clous moins 2, 23 sabots moins 2, 26 règles moins 2?

3° Un élève avait 25 boules; il en a perdu 2. Combien lui en reste-t-il? Combien lui en resterait-il s'il en perdait 2 autres?

J'ai acheté du bois pour 27 fr. et des bourrées pour 2 fr. Combien ai-je dépensé? Combien me reste-t-il si j'avais 30 fr.?

Un vigneron a récolté 24 hectolitres de vin rouge et 2 hectolitres de vin blanc. Combien a-t-il récolté d'hectolitres de vin?

Un élève avait 27 bons points; il en a perdu 2. Combien lui en reste-t-il?

Une ménagère achète un balai pour 26 sous et une brosse pour 2 sous. Combien dépense-t-elle? Elle donne 30 sous. Combien le marchand doit-il lui rendre?

Une ménagère a acheté du café pour 20 sous, du poivre pour un sou, du sel pour 2 sous. Combien a-t-elle dépensé? Combien lui est-il resté si elle avait 25 sous?

DE 30 A 41.

On compte entre 30 et 41 comme entre 1 et 11.

Ainsi 35 b. et 2 b. font 37 b., comme 5 b. et 2 b. font 7 b.

Calcul par analogie. — 2 b. et 2 b. font 4 b.; 32 b. et 2 b. font 34 b.; 4 b. et 2 b. font 6 b., etc.

Inversement, 10 b. moins 2 b. font 8 b.; 40 b. moins 2 b. font 38 b.; 8 b. moins 2 b., etc.

Exercices de calcul. — 1° 30 b. et 2 b. font 32 b.; 32 b. et 2 b., etc.

Inversement, 40 b. moins 2 b. font 38 b.; 38 b. moins 2 b., etc.

2° Sans énoncer le mot boule : 32 et 2, 34; 34 et 2, 36, etc.
Inversement, 40 — 2, 38; 38 — 2, 36, etc.

3° 30, 32, 34, etc.
Inversement, 40, 38, 36, etc.

4° Répéter successivement l'exercice par analogie et les trois exercices qui précèdent, avec les nombres impairs de 31 à 41 et réciproquement.

Exercices et problèmes d'application. — 1° 35 feuilles et 2, 34 prunes et 2, 39 poires et 2, 30 pommes et 2, 37 abricots et 2, 38 pêches et 2, 31 amandes et 2, 36 cerises et 2, 33 noisettes et 2, 32 oranges et 2?

2° 34 arbres moins 2, 32 fagots moins 2, 39 fleurs moins 2, 36 bouquets moins 2, 38 roses moins 2, 40 branches moins 2, 35 roseaux moins 2, 37 racines moins 2, 33 paniers moins 2, 41 gerbes moins 2?

3° Il reste 34 pages à mon cahier et j'en ai déchiré 2. Combien avait-il de pages? Combien en resterait-il si j'en déchirais encore 2?

Un patron occupait 37 ouvriers; il en a repris 2. Combien en occupe-t-il maintenant? Combien en occuperait-il s'il en reprenait encore 2?

Un jardinier avait 38 pieds de choux-fleurs; les vers blancs lui en ont coupé 2. Combien lui en reste-t-il?

Hier il y avait 33 élèves à l'école, aujourd'hui il y en a 35. Combien y en a-t-il en plus?

Nous avions 35 litres d'huile; nous en avons vendu 2 litres. Combien en reste-t-il? Combien en restera-t-il quand nous en aurons consommé 2 litres?

Un moissonneur a lié 31 gerbes; il lui en reste encore 2 à lier. Combien en aura-t-il lié quand il aura fini?

DE 40 A 51.

On compte entre 40 et 51 comme entre 1 et 11.

Ainsi 44 b. et 2 b. font 46 b., comme 4 b. et 2 b. font 6 b.

Calcul par analogie. — 2 b. et 2 b. font 4 b.; 42 b. et 2 b. font 44 b.; 4 b. et 2 b., etc.

Inversement, 10 b. moins 2 b. font 8 b.; 50 b. moins 2 b. font 48 b.; 8 b. moins 2 b., etc.

Exercices de calcul. — 1° 40 b. et 2 b. font 42 b.; 48 b. et 2, etc.

Inversement, 50 b. moins 2, 48 b.; 48 b. moins 2, 46, etc.

2° Sans énoncer le mot boule : 40 et 2, 42; 42 et 2, 44, etc. *Inversement*, 50 — 2, 48; 48 — 2, 46, etc.

3° 40, 42, 44, etc.

Inversement, 50, 48, 46, etc.

4° Répéter successivement le calcul par analogie et les trois exercices précédents, avec les nombres impairs de 41 à 51 et réciproquement.

Exercices et problèmes d'application. — 1° 44 moutons et 2, 48 chiens et 2, 49 vaches et 2, 40 brebis et 2, 43 bœufs et 2, 47 veaux et 2, 41 chèvres et 2, 45 porcs et 2, 42 chevaux et 2, 46 ânes et 2?

2° 43 agneaux moins 2, 46 mulets moins 2, 49 canards moins 2, 51 poules moins 2, 48 dindons moins 2, 42 oies moins 2, 45 pigeons moins 2, 44 coqs moins 2, 47 poulets moins 2, 50 lapins moins 2?

3° Dans une école il y a 42 élèves présents et 2 absents. Combien l'école compte-t-elle d'élèves?

La semaine dernière une ménagère a acheté du beurre pour 45 sous et cette semaine pour 43. Combien en moins?

Un cultivateur a récolté 47 hectolitres de blé dans un champ et 2 hectolitres dans un autre champ. Combien a-t-il récolté d'hectolitres?

Un fermier a vendu un veau 51 fr. et un second veau 2 fr. de moins. Combien a-t-il vendu le second?

Le même fermier avait 50 dindons ; le renard lui en a mangé 2. Combien lui en reste-t-il ?

Un horloger a vendu un réveil pour 15 fr. et une pendule pour 47 fr. Combien a-t-il vendu la pendule de plus que le réveil ?

Un vitrier apportait 46 carreaux ; en chemin il en a cassé 2. Combien lui en reste-t-il ?

DE 50 A 61.

On compte entre 50 et 61 comme entre 1 et 11.

Ainsi 57 b. et 2 b. font 59 b., comme 7 b. et 2 b. font 9 b.

Calcul par analogie. — 2 b. et 2 b. font 4 b.; 52 b. et 2 b. font 54 b.; 4 b. et 2 b. font 6 b.; 52 b. et 2 b., etc.

Inversement, 10 b. moins 2 b. font 8 b.; 60 b. moins 2 b. font 58 b.; 8 b. moins 2 b., etc.

Exercices de calcul. — 1° 50 b. et 2 b. font 52 b.; 52 b. et 2 b. font 54 b., etc.

Inversement, 60 b. moins 2 b. font 58 b.; 58 b. moins 2 b., etc.

2° Sans énoncer le mot boule : 50 et 2, 52 ; 52 et 2, 54, etc. *Inversement*, 60 — 2, 58 ; 58 — 2, 56 ; etc.

3° 50, 52, 54, etc. *Inversement*, 60, 58, 56, etc.

4° Répéter successivement le calcul par analogie et les trois exercices précédents, avec les nombres impairs de 51 à 61 et réciproquement.

Exercices et problèmes d'application. — 1° 55 sous et 2, 58 francs et 2, 50 centimes et 2, 59 kilos et 2, 57 grammes et 2, 53 litres et 2, 56 hectolitres et 2, 51 mètres et 2, 54 décalitres et 2, 52 décimètres et 2 ?

2° 61 francs moins 2, 56 sous moins 2, 57 grammes moins 2, 59 litres moins 2, 60 centimes moins 2, 58 mètres moins 2, 53 décamètres moins 2, 55 kilog. moins 2, 52 décimètres moins 2, 54 hectolitres moins 2 ?

3° Marie a vendu 6 kilog. de cerises et 2 kilog. de groseilles. Combien de kilog. en tout?

Léonie avait 61 perles; elle en a perdu 2. Combien lui en reste-t-il?

Dans un bois on a abattu 55 chênes et 2 châtaigniers. Combien d'arbres en tout?

Dans un petit tonneau qui peut tenir 54 litres, on a versé 52 litres de vin. Combien faudrait-il encore en verser pour le remplir?

Un ouvrier aurait dû recevoir 60 fr. pour sa paye; on lui a retenu 2 fr. Combien a-t-il reçu?

Une mercière avait 59 mètres de ruban; elle en a vendu 2 mètres. Combien lui en reste-t-il?

Pierre a versé 52 fr. à la Caisse d'épargne dans le mois de janvier et 54 fr. dans le mois de février. Combien a-t-il versé en plus dans le mois de février?

Louis a 52 bons points. Combien lui en restera-t-il s'il en perd 2?

DE 60 A 71.

On compte entre 60 et 71 comme entre 1 et 11.

Ainsi 66 b. et 2 b. font 68 b., comme 6 b. et 2 b. font 8 b.

Calcul par analogie. — 2 b. et 2 b. font 4 b.; 62 b. et 2 b. font 64 b.; 4 b. et 2 b. font 6 b., etc.

Inversement, 10 b. moins 2 b. font 8 b.; 70 b. moins 2 b. font 68 b.; 8 b. moins 2 b. font 6 b., etc.

Exercices de calcul. — 1° 60 b. et 2 b. font 62 b.; 62 b. et 2 b. font, etc.

Inversement, 70 b. moins 2 b. font 68 b.; 68 b. moins 2 b. font, etc.

2° Sans énoncer le mot boule : 60 et 2, 62; 62 et 2, 64, etc.
Inversement, 70 — 2, 68; 68 — 2, 66, etc.

3° 60, 62, 64, etc.
Inversement, 70, 68, 66, etc.

4° Répéter successivement le calcul par analogie et les trois exercices précédents, avec les nombres impairs de 61 à 71 et réciproquement.

Exercices et problèmes d'application. — 1º 64 hommes et 2, 67 femmes et 2, 69 enfants et 2, 60 vieillards et 2, 65 filles et 2, 68 élèves et 2, 61 garçons et 2. 63 soldats et 2, 62 écoliers et 2, 66 marins et 2 ?

2º 69 jours moins 2, 62 heures moins 2, 64 minutes moins 2, 71 mois moins 2, 67 ans moins 2, 63 semaines moins 2, 70 secondes moins 2, 68 montres moins 2, 66 pendules moins 2 ?

3º Un marchand a acheté 64 moutons et 2 bœufs. Combien a-t-il acheté d'animaux ?

Une classe a 60 élèves, une 2e 62. Combien en plus ?

Je devais 65 fr., j'ai donné 67 fr. Combien en trop ?

Pour monter à une tour, Léon a compté 63 marches, et il lui en reste 2 à monter. Combien l'escalier a-t-il de marches ?

Pour aller de Paris à Lyon, un ouvrier a mis 66 jours ; un autre a mis 2 jours de moins. Combien a-t-il mis de jours ?

J'ai acheté des marchandises pour 71 fr. ; je n'ai que 69 fr. Combien me manque-t-il ?

Un marchand a une pièce de drap de 69 mètres. Combien restera-t-il de mètres à la pièce lorsqu'il en aura vendu 2 mètres ?

Marie a acheté une carte de 65 épingles ; elle en a enlevé 2. Combien en reste-t-il ?

DE 70 A 81.

On compte entre 70 et 81 comme entre 10 et 21.

Ainsi 75 b. et 1 b. font 76 b., comme 15 b. et 1 b. font 16 b.

Calcul par analogie. — 10 b. et 2 b. font 12 b. ; 70 b. et 2 b. font 72 b. ; 12 b. et 2 b. font 14 b. ; 72 b. et 2 b. font 74 b., etc.

Inversement, 20 b. moins 2 b. font 18 b. ; 80 b. moins 2 b. font 78 b. ; 18 b. moins 2 b. font 16 b., etc.

Exercices de calcul. — 1º 70 b. et 2 b. font 72 b. ; 72 b. et 2 b., etc.

Inversement, 80 b. moins 2 b. font 78 b. ; 78 b. moins 2 b., etc.

2º Sans énoncer le mot boule : 70 et 2, 72 ; 72 et 2, 74, etc.

Inversement, 80 — 2, 78 ; 78 — 2, 76, etc.

3º 70, 72, 74, etc.

Inversement, 80, 78, 76, etc.

4º Répéter successivement le calcul par analogie et les trois exercices précédents, avec les nombres impairs de 71 à 84 et réciproquement.

Exercices et problèmes d'application. — 1º 73 noix et 2. 78 œufs et 2, 71 poules et 2, 70 crayons et 2, 79 lettres et 2. 75 mots et 2, 72 livres et 2, 76 cahiers et 2, 74 crayons et 2, 77 plumes et 2?

2º 76 registres moins 2, 79 bancs moins 2. 72 chaises moins 2, 76 cravates moins 2, 81 boutons moins 2, 78 chemises moins 2, 80 casquettes moins 2, 77 chapeaux moins 2. 75 sabots moins 2, 73 souliers moins 2?

3º Combien doit une personne qui a emprunté 72 fr. et 2 fr.?

Un écolier avait 78 lignes de copie à faire; il en a déjà fait 76. Combien lui en reste-t-il à faire?

Jules a lu 77 pages d'un livre; il lui en reste 2 à lire. Combien le livre a-t-il de pages?

Une ménagère a emporté 74 fr. au marché et n'a rapporté que 2 fr. Combien a-t-elle dépensé?

Une maîtresse de maison emporte 80 fr. au marché et ne dépense que 2 fr. Combien doit-elle rapporter?

Émile avait 73 figues; il en a mangé 2. Combien lui en reste-t-il?

Un coutelier achète 75 couteaux; 2 sont cassés. Combien en reste-t-il à vendre?

Il faudrait 77 carreaux à un maçon; il n'en a que 75. Combien lui en manque-t-il?

DE 80 A 91.

On compte entre 80 et 91 comme entre 1 et 11.
Ainsi 83 et 2 font 85, comme 3 et 2 font 5.

Calcul par analogie. — 2 b. et 2 b. font 4 b.; 82 b. et 2 b. font 84 b.; 4 b. et 2 b. font 6 b.; 84 b. et 2 b., etc.

Inversement, 10 b. moins 2 b. font 8 b.; 90 b. moins 2 b. font 88 b.; 8 b. moins 2 b., etc.

Exercices de calcul. — 1° 80 b. et 2 b. font 82 b.; 82 b. et 2 b., etc.

Inversement, 90 b. moins 2 b. font 88 b.; 88 b. moins 2 b., etc.

2° Sans énoncer le mot boule : 80 et 2, 82; 82 et 2, 84, etc. *Inversement,* 90 — 2, 88; 88 — 2, 86, etc.

3° 80, 82, 84, etc.

Inversement, 90, 88, 86, etc.

4° Répéter successivement le calcul par analogie et les trois exercices précédents, avec les nombres impairs **de 81 à 91** et réciproquement.

Exercices et problèmes d'application. — 1° 86 chats et **2**, 84 souris et 2, 85 chiens et 2, 89 rats et 2, 87 lapins et 2, 80 oiseaux et 2, 82 épis et 2, 88 grains et 2, 81 nids et 2, 83 fruits et 2 ?

2° 86 litres moins 2, 89 mètres moins 2, 91 sacs moins 2, 81 pantalons moins 2, 85 couteaux moins 2, 90 serviettes moins 2, 88 fourchettes moins 2, 84 cuillers moins 2, 87 verres moins 2, 83 assiettes moins 2 ?

3° Un homme a acheté un tonneau de 90 litres de vin. En route il en a perdu 2 litres. Combien reste-t-il de litres de vin dans le tonneau ?

On a vendu 2 mètres d'une pièce de drap et il en reste encore 84 mètres. Quelle était la longueur de la pièce ?

Un sac de blé pèse 80 kilog.; un 2ᵉ sac pèse 82 kilog. Combien de plus que le 1er ?

Paul a mis 85 jours pour faire un ouvrage et Jules 83 jours pour faire le même ouvrage. Combien en moins ?

Sur une somme de 91 fr. on dépense 2 fr. Combien reste-t-il ?

Un ouvrier devait faire un travail en 87 jours; il a mis 2 jours de moins. Combien a-t-il mis de jours ?

Un tonneau contient 86 litres; un autre contient 2 litres de plus. Combien contient-il ?

En un mois une famille a dépensé 85 fr. pour son entretien et 2 fr. pour l'éclairage. Combien a-t-elle dépensé ?

DE 90 A 101.

On compte entre 90 et 101 comme entre 10 et 21.

Ainsi 94 b. et 1 b. font 95 b., comme 14 b. et 1 b. font 15 b.

Calcul par analogie. — 10 b. et 2 b. font 12 b.; 90 b. et 2 b. font 92 b.; 12 b. et 2 b. font 14 b.; 92 b. et 2 b. font 94 b., etc.

Inversement, 20 b. moins 2 b. font 18 b.; 100 b. moins 2 b. font 98 b., etc.

Exercices de calcul. — 1° 90 b. et 2 b. font 92 b.; 92 b. et 2 b., etc.

Inversement, 100 b. moins 2 b. font 98 b.; 98 b. moins 2 b., etc.

2° Sans énoncer le mot boule : 90 et 2, 92; 92 et 2, 94, etc.
Inversement, 100 — 2, 98; 98 — 2, 96, etc.

3° 90, 92, 94, etc.
Inversement, 100, 98, 96, etc.

4° Répéter successivement le calcul par analogie et les trois exercices précédents, avec les nombres impairs de 91 à 101 et réciproquement.

Exercices et problèmes d'application. — 1° 93 marteaux et 2, 98 clous et 2, 90 mètres et 2, 94 gerbes et 2, 99 lampes et 2, 91 glaces et 2, 97 bougies et 2, 95 vases et 2, 92 habits et 2, 96 gilets et 2?

2° 98 carreaux moins 2, 93 ardoises moins 2, 101 tuiles moins 2, 97 canons moins 2, 95 fusils moins 2, 99 balles moins 2, 92 cartouches moins 2, 100 sabres moins 2, 96 cavaliers moins 2, 94 fantassins moins 2?

3° Un fermier a 95 moutons, un autre en a 2 de plus. Combien en a-t-il?

Hier il y avait dans notre école 91 élèves; aujourd'hui il y en a 93. Combien en plus?

Un industriel occupait 95 ouvriers; il vient d'en prendre 2 autres. Combien en occupe-t-il maintenant?

Deux abricotiers ont donné l'un 91 abricots, l'autre 2 seulement. Combien d'abricots a-t-on récoltés?

Un horticulteur avait 96 rosiers; il en a vendu 2. Combien lui en reste-t-il?

Le même horticulteur avait 99 peupliers; il n'en a plus que 97. Combien en a-t-il vendu?

Un cheval a mangé la semaine dernière 95 litres d'avoine; cette semaine 2 litres de moins. Combien en a-t-il mangé de litres cette semaine?

Mon grand-père a 92 ans; ma grand'mère a 2 ans de moins. Quel est l'âge de ma grand'mère?

REVISION DU CALCUL PAR 2.

Exercices de calcul. — Faire compter par 2 :

1° de 2 à 100 : 2 et 2, 4; et 2, 6, etc.

Inversement, de 100 à 2 : 100 — 2, 98; moins 2, 96, etc.

2° de la même manière de 1 à 101 et réciproquement.

Exercices d'application. — 1° Combien font : 13 livres et 2, 25 balais et 2, 39 carrés et 2, 40 brosses et 2, 52 plumeaux et 2, 64 boites et 2, 71 mètres et 2, 86 plats et 2, 98 assiettes et 2?

2°	6 et 2,	21 et 2,	35 et 2,	68 et 2,	78 et 2,
	49 et 2,	57 et 2,	87 et 2,	15 et 2,	48 et 2,
	93 et 2,	79 et 2,	95 et 2,	66 et 2,	37 et 2,
	85 et 2,	56 et 2,	72 et 2,	97 et 2,	etc.

3° 14 feuilles moins 2, 36 arbres moins 2, 48 rameaux moins 2, 22 branches moins 2, 60 racines moins 2, 67 pruniers moins 2, 79 chênes moins 2, 85 peupliers moins 2, 93 bouleaux moins 2, etc.

4°	17 — 2,	35 — 2,	49 — 2,	53 — 2,	61 — 2,
	41 — 2,	22 — 2,	76 — 2,	84 — 2,	100 — 2,
	72 — 2,	39 — 2,	27 — 2,	15 — 2,	59 — 2,
	88 — 2,	70 — 2,	56 — 2,	92 — 2,	etc.

5°	51 et 2,	92 et 2,	31 et 2,	58 — 2,	31 — 2,
	74 et 2,	55 et 2,	63 et 2,	78 — 2,	75 — 2,
	20 — 2,	69 et 2,	24 — 2,	99 et 2,	73 et 4,
	42 — 2,	71 — 2,	58 et 2,	40 — 2,	55 — 2.
	17 — 2,	37 — 2,	68 — 2,	46 — 2,	45 et 2.

6°   62 et 2,   51 — 2,   19 — 2,   14 et 2,   23 et 2,
       64 — 2,   51 et 2,   47 — 2,   81 et 2,   89 et 2,
       73 — 2,   28 et 2,   34 et 2,   99 — 2,   75 et 2,
       86 — 2,   13 — 2,   83 et 2,   62 — 2,   80 — 2,
       90 et 2,   90 — 2,   94 et 2,   30 — 2,   69 — 2,
       88 et 2,   95 — 2,   98 — 2,   54 — 2,   89 — 2.

CHAPITRE IV

Calcul par 3, 4, 5, 6, 7, 8, 9
dans les 2 premières dizaines

(pour permettre de commencer les opérations écrites).

Pour passer du calcul au boulier au calcul au tableau, on suspendra le boulier auprès du tableau et l'on représentera simultanément les combinaisons au boulier et au tableau. Un court exercice suffira pour faire comprendre que compter les boules ou les nombres qui représentent ces boules, c'est la même chose.

CALCUL PAR 3 DE 1 A 12.

Calcul au tableau. — Faire calculer : 1° horizontalement; 2° verticalement :

I.   1 et 3...   2 et 3...   3 et 3...
     4 et 3...   5 et 3...   6 et 3...
     7 et 3...   8 et 3...   9 et 3...

II.   4 — 3...   5 — 3...   6 — 3...
     7 — 3...   8 — 3...   9 — 3...
     10 — 3...   11 — 3...   12 — 3...

III. Faire compter au moins une fois ainsi : 3 ôté de 4 reste 1, parce que 1 et 3 font 4, puis seulement 3 ôté de 4, etc.

3	4	5	6	7	8	9	10	11	12
3	3	3	3	3	3	3	3	3	3

Questions et problèmes d'application. — 1° 6 tables et 3, 3 chaises et 3, 8 tableaux et 3, 1 carte et 3, 4 lampes et 3, 2 villes et 3, 5 rivières et 3, 7 enfants et 3, 9 fenêtres et 3.

2° 8 pioches moins 3, 4 brouettes moins 3, 12 pelles moins 3, 9 râteaux moins 3, 10 couteaux moins 3, 5 serpettes moins 3, 11 cognées moins 3, 7 faucilles moins 3, 6 faux moins 3.

3° Il y a dans un verger 8 pêchers et 3 abricotiers. Combien d'arbres?

Un jardinier a vendu 9 pieds de laitue et 3 pieds de romaine. Combien a-t-il vendu de pieds de salade?

Une ménagère a acheté pour 5 fr. de sucre et 3 fr. de café. Combien a-t-elle dépensé?

Un débitant a vendu 6 litres de vin rouge et 3 litres de vin blanc. Combien a-t-il vendu de litres de vin?

Une ménagère avait 6 assiettes; elle en a cassé 3. Combien lui en reste-t-il?

J'avais une pièce de 10 fr.; j'ai donné 3 fr. au boucher. Combien me reste-t-il?

Combien y a-t-il d'heures entre 6 heures et 9 heures, entre 2 heures et 5 heures?

Lorsque la classe commence à 8 heures et finit à 11 heures, combien dure-t-elle?

CALCUL PAR 3 DE 10 A 22.

On compte entre 10 et 22 comme entre 1 et 12.
Ainsi 16 et 3 font 19, comme 6 et 3 font 9.

Calcul au tableau. — I. Faire calculer : 1° horizontalement (et par groupes réunis par une accolade) 10 et 3; 1 et 3, 11 et 3; 2 et 3, 12 et 3, etc. 2° verticalement : 10 et 3; 3 et 3; 13 et 3; 6 et 3; 16 et 3; 9 et 3; 19 et 3, etc.

»	⌠ 1 et 3...	⌠ 2 et 3...
10 et 3...	⌡ 11 et 3...	⌡ 12 et 3...
⌠ 3 et 3...	⌠ 4 et 3...	⌠ 5 et 3...
⌡ 13 et 3...	⌡ 14 et 3...	⌡ 15 et 3...
⌠ 6 et 3...	⌠ 7 et 3...	⌠ 8 et 3...
⌡ 16 et 3...	⌡ 17 et 3...	⌡ 18 et 3...
⌠ 9 et 3...		
⌡ 19 et 3...		

L'exercice su, effacer les combinaisons 1 et 3, 2 et 3, 3 et 3, etc., et faire compter de nouveau.

II. Opérer comme ci-dessus.

		⌠ 3 — 3...
		⌡ 13 — 3...
⌠ 4 — 3...	⌠ 5 — 3...	⌠ 6 — 3...
⌡ 14 — 3...	⌡ 15 — 3...	⌡ 16 — 3...
⌠ 7 — 3...	⌠ 8 — 3...	⌠ 9 — 3...
⌡ 17 — 3...	⌡ 18 — 3...	⌡ 19 — 3...
⌠ 10 — 3...	⌠ 11 — 3...	⌠ 12 — 3...
⌡ 20 — 3...	⌡ 21 — 3...	⌡ 22 — 3...

Questions et problèmes d'application. — 1° 14 bons points et 3, 11 toupies et 3, 13 billes et 3, 10 balles et 3, 19 clefs et 3, 15 marronniers et 3, 17 paniers et 3, 12 lits et 3, 16 ardoises et 3, 18 lignes et 3?

2° 17 fagots moins 3, 22 noisettes moins 3, 14 francs moins 3, 15 bas moins 3, 19 chaussettes moins 3, 21 harengs moins 3, 16 pelotes moins 3, 20 portes moins 3, 18 fenêtres moins 3, 13 sacs moins 3?

3° Le cahier de Louis avait 22 feuilles; il en a déchiré 3. Combien reste-t-il de feuilles à son cahier?

Louise a mangé 3 noix et elle en a encore 12. Combien en avait-elle?

Un banc avait 19 mètres de long; on en a scié 3 mètres. Quelle est la longueur du banc?

Mon père avait 17 hectolitres de charbon; il en a vendu 3 hectolitres. Combien lui en reste-t-il?

Un épicier a vendu de l'huile pour 15 sous et du vinaigre pour 3 sous. Combien a-t-il reçu?

Calcul mental.   3

Une jardinière a vendu de la salade pour 16 sous et elle a acheté un fromage de 3 sous. Combien lui reste-t-il?

Louis a 21 ans, son frère 18. Combien Louis a-t-il de plus que son frère?

Léon a 16 ans et son frère 3 ans de moins. Quel est l'âge de son frère?

CALCUL PAR 4 DE 1 A 13.

Calcul au tableau. — Faire calculer horizontalement, puis verticalement :

I.
1 et 4...	2 et 4...	3 et 4...	4 et 4...
5 et 4...	6 et 4...	7 et 4...	8 et 4...
9 et 4...			

II.
4 — 4...	5 — 4...	6 — 4...	7 — 4...
8 — 4...	9 — 4...	10 — 4...	11 — 4...
12 — 4...	13 — 4...		

III. Faire calculer au moins une fois ainsi : 4 ôté de 5 reste 1, parce que 4 et 1 font 5; puis seulement 4 ôté de 5.

4	5	6	7	8	9	10	11	12	13
4	4	4	4	4	4	4	4	4	4

Questions et problèmes d'application. — 1° 4 chiens et 4, 2 chats et 4, 8 brebis et 4, 1 vache et 4, 3 bœufs et 4, 5 loups et 4, 9 renards et 4, 6 lapins et 4, 7 lièvres et 4?

2° 7 tableaux moins 4, 5 bureaux moins 4, 11 lettres moins 4, 6 poêles moins 4, 10 carrés moins 4, 12 solives moins 4, 9 poutres moins 4, 8 cahiers moins 4, 13 pages moins 4?

3° Que doit-on ajouter à 7 litres d'huile pour en avoir 11 litres?

Une fermière avait 8 poules; elle en a vendu 4. Combien lui en reste-t-il?

Léon a 6 bons points. Combien faut-il qu'il en gagne encore pour en avoir 10?

Dans l'école il y avait 7 cartes; on en a ôté 4. Combien y en a-t-il encore?

Il reste 9 poires à Henri après en avoir mangé 4. Combien en avait-il?

On doit 12 fr. à une personne; on lui donne 4 fr. Combien lui redoit-on?

3.

Louis a 9 ans et Émile a 4 ans de moins. Quel âge a Émile?

Joseph a 2 pantalons de drap et 4 pantalons de coutil. Combien a-t-il de pantalons?

CALCUL PAR 4 DE 10 A 23.

On compte entre 10 et 23 comme entre 1 et 13. Ainsi 14 et 4 font 18, comme 4 et 4 font 8.

Calcul au tableau. — Faire calculer : 1º horizontalement 10 et 4; 1 et 4; 11 et 4; 2 et 4, 12 et 4, etc.; 2º verticalement : 10 et 4; 4 et 4; 14 et 4; 8 et 4; 18 et 4, etc.

I.

»	1 et 4...	2 et 4...	3 et 4...
10 et 4...	11 et 4...	12 et 4...	13 et 4...
4 et 4...	5 et 4...	6 et 4...	7 et 4...
14 et 4...	15 et 4...	16 et 4...	17 et 4...
8 et 4...	9 et 4...		
18 et 4...	19 et 4...		

L'exercice su, effacer les premières combinaisons horizontales : 1 et 4, 2 et 4, 3 et 4, 4 et 4, etc., et faire calculer de nouveau.

II. Opérer comme ci-dessus.

		4 — 4...	5 — 4...
		14 — 4...	15 — 4...
6 — 4...	7 — 4...	8 — 4...	9 — 4...
16 — 4...	17 — 4...	18 — 4...	19 — 4...
10 — 4...	11 — 4...	12 — 4...	13 — 4...
20 — 4...	21 — 4...	22 — 4...	23 — 4...

Questions et problèmes d'application. — 1º 13 perdrix et 4, 16 moineaux et 4, 14 belettes et 4, 10 blaireaux et 4, 19 geais et 4, 11 pies et 4, 15 écureuils et 4, 18 chevreuils et 4, 12 bécasses et 4, 17 grues et 4?

2º 17 livres moins 4, 15 bancs moins 4, 20 plumes moins 4, 18 planches moins 4, 14 portes moins 4, 22 fenêtres moins 4, 16 carreaux moins 4, 21 mètres moins 4, 23 litres moins 4, 19 kilos moins 4?

3º Une ménagère a acheté pour 15 sous de beurre et 4 sous de crème. Combien a-t-elle dépensé?

Il reste 11 billes à Henri après en avoir perdu 4. Combien en avait-il ?

Augustine avait 13 perles, sa maîtresse lui en a donné 4. Combien en a-t-elle ?

Louise a 18 ans, sa sœur a 4 ans de moins. Quel est l'âge de sa sœur ?

Henri avait 22 bons points, il en a donné 4 pour une punition. Combien lui en reste-t-il ?

Une caisse contient 19 kilog. de marchandises. La caisse pèse 4 kilog. Combien pèse le tout ?

Henri a acheté un livre pour 16 sous et il a payé avec une pièce de 20 sous. Combien lui rendra-t-on ?

Dans notre jardin il y avait 16 poiriers. Mon père en a arraché 4. Combien en reste-t-il ?

CALCUL PAR 5 DE 1 A 14.

Calcul au tableau. — Faire calculer horizontalement puis verticalement.

I.   1 et 5...   2 et 5...   3 et 5...   4 et 5...   5 et 5...
     6 et 5...   7 et 5...   8 et 5...   9 et 5...

II.   5 — 5...   6 — 5...   7 — 5...   8 — 5...   9 — 5...
     10 — 5...   11 — 5...   12 — 5...   13 — 5...   14 — 5...

III. Faire calculer au moins une fois ainsi : 5 ôté de 6 reste 1, parce que 5 et 1 font 6, puis 5 ôté de 6...

5	6	7	8	9	10	11	12	13	14
5	5	5	5	5	5	5	5	5	5

Questions et problèmes d'application. — 1º 6 chapeaux et 5, 5 bonnets et 5, 8 casquettes et 5, 1 robe et 5, 9 cravates et 5, 3 foulards et 5, 7 bas et 5, 2 mouchoirs et 5, 4 boutons et 5 ?

2º 6 gilets moins 5, 8 habits moins 5, 5 chemises moins 5, 7 pantalons moins 5, 10 souliers moins 5, 12 sabots moins 5, 9 pantoufles moins 5, 14 chaussons moins 5, 11 chaussettes moins 5, 13 jupons moins 5 ?

3º Un homme a deux jardins, l'un de 4 ares, l'autre de 5. Quelle est leur étendue totale ?

Un homme avait un jardin de 11 ares; il en a vendu 5 ares. Quelle est maintenant la grandeur de son jardin?

Un roulier devait fournir 13 mètres cubes de pierre; il en a amené 8 mètres. Combien lui en reste-t-il à fournir?

Un jeune homme gagne 3 fr. et son père 5 fr. Combien gagnent-ils ensemble?

Augustine a 10 ans et sa sœur a 5 ans de moins. Quel est l'âge de sa sœur?

Un élève a reçu 7 bons points le lundi et 5 le mardi. Combien a-t-il reçu de bons points?

On m'a donné 2 fr. sur 7 fr. Combien me redoit-on?

J'ai acheté 9 kilog. de beurre à une fermière et 5 kilog. à une autre. Combien ai-je acheté de kilog. de beurre?

CALCUL PAR 5 DE 10 A 24.

On compte entre 10 et 24 comme entre 1 et 14. Ainsi 13 et 5 font 18, comme 3 et 5 font 8.

Calcul au tableau. — 1. Faire calculer horizontalement : 1 et 5, 11 et 5; 2 et 5, 12 et 5; etc., puis verticalement : 10 et 5; 5 et 5; 15 et 5, etc.

»	1 et 5...	2 et 5...	3 et 5...	4 et 5...
10 et 5...	11 et 5...	12 et 5...	13 et 5...	14 et 5...
5 et 5...	6 et 5...	7 et 5...	8 et 5...	9 et 5...
15 et 5...	16 et 5...	17 et 5...	18 et 5...	19 et 5...

L'exercice su, effacer les premières combinaisons horizontales et faire calculer de nouveau.

II. Opérer comme ci-dessus :

5 — 5...	6 — 5...	7 — 5...	8 — 5...	9 — 5...
15 — 5...	16 — 5...	17 — 5...	18 — 5...	19 — 5...
10 — 5...	11 — 5...	12 — 5...	13 — 5...	14 — 5...
20 — 5...	21 — 5...	22 — 5...	23 — 5...	24 — 5...

Questions et problèmes d'application. — 1° 10 baguettes et 5, 11 tambours et 5, 18 képis et 5, 12 fusils et 5, 19 sabres et 5, 14 canons et 5, 13 casques et 5, 15 capotes et 5, 17 cartouches et 5, 16 balles et 5?

2° 20 artilleurs moins 5, 16 fantassins moins 5, 23 cavaliers moins 5, 15 chasseurs moins 5, 24 cuirassiers moins 5, 19 dragons moins 5, 21 zouaves moins 5, 18 pontonniers moins 5, 22 gendarmes moins 5, 17 sapeurs moins 5 ?

3° Un marchand m'a vendu pour 15 fr. de vin rouge et 5 fr. de vin blanc. Combien dois-je lui donner ?

Albert était le 12e, il est maintenant le 17e. De combien de places a-t-il reculé ?

Louis était le 15e et il a reculé de 5 places. Quel rang occupe-t-il ?

Léonie était la 18e et elle a avancé de 5 places. Quel rang occupe-t-elle maintenant ?

Dans un panier de 24 oranges on en a trouvé 5 de gâtées. Combien en reste-t-il de bonnes ?

Je devais 19 fr.; j'ai donné 5 fr. Combien dois-je encore ?

J'ai acheté pour 19 fr. de viande et pour 5 fr. de légumes. Combien dois-je ?

Une fermière avait 22 kilog. de beurre; elle en a vendu 5 kilog. Combien lui en reste-t-il à vendre ?

CALCUL PAR 6 DE 1 A 15.

Calcul au tableau. —Faire calculer horizontalement, puis verticalement.

I.   1 et 6...   2 et 6...   3 et 6...   4 et 6...   5 et 6...
     6 et 6...   7 et 6...   8 et 6...   9 et 6...

II.   6 — 6...   7 — 6...   8 — 6...   9 — 6...   10 — 6...
     11 — 6...   12 — 6...   13 — 6...   14 — 6...   15 — 6...

III. Faire calculer au moins une fois ainsi : 6 ôté de 7 reste 1, parce que 6 et 1 font 7; puis 6 ôté de 7 reste 1.

6	7	8	9	10	11	12	13	14	15
6	6	6	6	6	6	6	6	6	6

Questions et problèmes d'application. — 1° 6 lettres et 6, 8 mots et 6, 3 plumes et 6, 9 crayons et 6, 4 livres et 6, 1 bureau et 6, 5 ardoises et 6, 2 tables et 6, 7 images et 6?

2° 8 chaises moins 6, 10 fauteuils moins 6, 12 escabeaux moins 6,

7 bancs moins 6, 11 tableaux moins 6, 9 tables moins 6, 15 tapis moins 6, 13 nappes moins 6, 11 serviettes moins 6?

3º On a brûlé 7 hectolitres de charbon en novembre et 6 en décembre. Combien a-t-on brûlé d'hectolitres en tout?

Henri a 7 ans. Combien lui manque-t-il pour avoir 13 ans?

Un tisserand a fait 10 mètres de toile; son fils en a fait 6 de moins. Combien en a-t-il fait?

Une mère de famille a acheté des souliers pour 8 fr. et un chapeau pour 6 fr. Combien a-t-elle dépensé?

Avant de jouer, Emile avait 5 billes; maintenant il en a 11. Combien en a-t-il gagné?

Ernest avait 8 sous; il a acheté un livre de 6 sous. Combien lui reste-t-il?

D'une pièce de drap de 9 mètres on a vendu 6 mètres. Combien de mètres reste-t-il?

Une mère de famille a emporté 15 fr. au marché; elle a acheté des souliers pour 6 fr. Combien a-t-elle rapporté?

CALCUL PAR 6 DE 10 A 25.

On compte entre 10 et 25 comme entre 1 et 15.
Ainsi 13 et 6 font 19, comme 3 et 6 font 9.

Calcul au tableau. — I. Faire calculer horizontalement :
1 et 6, 11 et 6 ; 2 et 6, 12 et 6 ; etc., puis verticalement.

»	1 et 6...	2 et 6...	3 et 6...	4 et 6...
10 et 6...	11 et 6...	12 et 6...	13 et 6...	14 et 6...
5 et 6...	6 et 6...	7 et 6...	8 et 6...	9 et 6...
15 et 6...	16 et 6...	17 et 6...	18 et 6...	19 et 6...

L'exercice su, effacer les premières combinaisons horizontales et faire calculer de nouveau.

II. Opérer comme ci-dessus.

6 — 6...	7 — 6...	8 — 6...	9 — 6...	10 — 6...
16 — 6...	17 — 6...	18 — 6...	19 — 6...	20 — 6...
11 — 6...	12 — 6...	13 — 6...	14 — 6...	15 — 6...
21 — 6...	22 — 6...	23 — 6...	24 — 6...	25 — 6...

Questions et problèmes d'application. — 1º 16 galettes et 6, 18 biscuits et 6, 10 tartes et 6, 13 brioches et 6, 11 amandes et 6, 19 assiettes et 6, 15 citrons et 6, 12 oranges et 6, 14 dattes et 6, 17 figues et 6?

2º 18 pêches moins 6, 16 pruneaux moins 6, 20 raisins moins 6, 22 prunes moins 6, 17 abricots moins 6, 23 poires moins 6, 19 pommes moins 6, 24 framboises moins 6, 21 fraises moins 6, 25 groseilles moins 6?

3º On a acheté un petit meuble 15 fr. Combien doit-on le revendre pour gagner 6 fr.?

On a vendu un petit meuble 20 fr., et on a gagné 6 fr. Combien avait-il coûté?

On a acheté un petit meuble 12 fr.; on l'a revendu 18. Combien a-t-on gagné?

Un ouvrier gagne 22 fr. par semaine et économise 6 fr. Combien dépense-t-il?

Un ouvrier dépense par semaine 11 fr. et économise 6 fr. Combien gagne-t-il?

Un ouvrier gagne 25 fr. par semaine et dépense 19 fr. Combien économise-t-il?

Un commerçant a payé pour des marchandises 18 fr. d'achat et 6 fr. de droits. A combien lui reviennent ces marchandises?

Un commerçant achète des marchandises pour 17 fr.; il les revend 23 fr. Combien gagne-t-il?

CALCUL PAR 7 DE 1 A 16.

Calcul au tableau. — Faire calculer horizontalement, puis verticalement.

I.   1 et 7...   2 et 7...   3 et 7...   4 et 7...   5 et 7...
        6 et 7...   7 et 7...   8 et 7...   9 et 7...

II.   7 — 7...   8 — 7...   9 — 7...   10 — 7...   11 — 7...
        12 — 7...   13 — 7...   14 — 7...   15 — 7...   16 — 7...

III. Faire calculer au moins une fois ainsi : 7 ôté de 8 reste 1, parce que 7 et 1 font 8; puis 7 ôté de 8, etc.

7	8	9	10	11	12	13	14	15	16	17
7	7	7	7	7	7	7	7	7	7	7

Questions et problèmes d'application. — 1° 4 portes et 7. 1 fenêtre et 7, 5 chambres et 7, 8 cloisons et 7, 3 carreaux et 7, 6 cabinets et 7, 2 placards et 7, 7 maisons et 7, 9 cheminées et 7?

2° 8 chaises moins 7, 10 tables moins 7, 7 fauteuils moins 7, 12 lits moins 7, 9 armoires moins 7, 13 commodes moins 7, 11 buffets moins 7, 15 lampes moins 7, 14 tabourets moins 7, 16 horloges moins 7?

3° Un élève doit faire 3 lignes d'écriture ronde et 7 de cursive. Combien de lignes?

Un élève doit faire 12 lignes d'écriture; il en a encore 7 à faire. Combien a-t-il fait de lignes?

Un élève avait 15 lignes d'écriture à faire; il en a fait 7. Combien lui en reste-t-il à faire?

Dans un petit tonneau de 14 litres on a versé 7 litres de vinaigre. Combien faudrait-il encore en verser pour le remplir?

Dans un petit tonneau il y avait 6 litres d'alcool; on l'a rempli en ajoutant 7 litres. Combien ce tonneau contient-il de litres?

Un petit tonneau contient 13 litres de vin blanc; on en a tiré 7 litres. Combien en reste-t-il?

Deux ouvriers ont fait l'un 7 mètres d'ouvrage, l'autre 7 mètres également. Combien en ont-ils fait ensemble?

Deux ouvriers ont fait ensemble 11 mètres d'ouvrage; l'un en a fait 7 mètres. Combien l'autre a-t-il fait?

CALCUL PAR 7 DE 10 A 26.

On compte entre 10 et 26 comme entre 1 et 16.
Ainsi 12 et 7 font 19, comme 2 et 7 font 9.

Calcul au tableau. — I. Faire calculer horizontalement : 1 et 7, 11 et 7; 2 et 7, 12 et 7; etc., puis verticalement.

»	1 et 7...	2 et 7...	3 et 7...	4 et 7...
10 et 7...	11 et 7...	12 et 7...	13 et 7...	14 et 7...
5 et 7...	6 et 7...	7 et 7...	8 et 7...	9 et 7...
15 et 7...	16 et 7...	17 et 7...	18 et 7...	19 et 7...

L'exercice su, effacer les premières combinaisons horizontales et faire compter de nouveau.

II. Opérer comme ci-dessus.

7 — 7...	8 — 7...	9 — 7...	10 — 7...	11 — 7...
17 — 7...	18 — 7...	19 — 7...	20 — 7...	21 — 7...
12 — 7...	13 — 7...	14 — 7...	15 — 7...	16 — 7...
22 — 7...	23 — 7...	24 — 7...	25 — 7...	26 — 7...

Questions et problèmes d'application. — 1º 14 melons et 7, 11 citrouilles et 7, 12 cornichons et 7, 10 coloquintes et 7, 16 potirons et 7, 18 concombres et 7, 17 patates et 7, 19 truffes et 7, 15 champignons et 7, 13 pommes de terre et 7?

2º 18 fleurs moins 7, 20 bouquets moins 7, 17 résédas moins 7, 23 tulipes moins 7, 19 jacinthes moins 7, 22 pâquerettes moins 7, 25 primevères moins 7, 21 giroflées moins 7, 26 pensées moins 7, 24 soucis moins 7?

3º Émile avait 19 billes; il vient d'en gagner 7. Combien cela lui en fait-il?

Un enfant généreux avait 20 sous; il a rencontré 7 pauvres à qui il a donné à chacun 1 sou. Combien doit-il lui rester?

Louis porte un paquet de 15 kilog. de sa main droite et un de 7 kilog. de sa main gauche. Quel poids porte-t-il?

Louis porte 2 paquets qui pèsent ensemble 25 kilog.; l'un pèse 7 kilog. Combien pèse l'autre?

Louis a 2 paquets : l'un pèse 17 kilog. et l'autre 24. Combien ce dernier pèse-t-il de plus que l'autre?

Une machine tisse 15 mètres d'étoffe par heure; une seconde en tisse 7 mètres. Combien en tissent-elles ensemble?

Une machine tisse 23 mètres d'étoffe par heure; une seconde machine en tisse 7 mètres de moins. Combien en tisse-t-elle?

Une machine tisse 18 mètres d'étoffe par heure; une seconde machine en tisse 11 mètres. Combien en moins?

CALCUL PAR 8 DE 1 A 17.

Calcul au tableau. — Faire calculer horizontalement, puis verticalement.

I.   1 et 8...   2 et 8...   3 et 8...   4 et 8...   5 et 8...
        6 et 8...   7 et 8...   8 et 8...   9 et 8...

II.   8 — 8...   9 — 8...   10 — 8...   11 — 8...   12 — 8...
       13 — 8...   14 — 8...   15 — 8...   16 — 8...   17 — 8...

III. Faire calculer au moins une fois ainsi : 8 ôté de 9 reste 1, parce que 8 et 1 font 9; puis 8 ôté de 9, etc.

8	9	10	11	12	13	14	15	16	17
8	8	8	8	8	8	8	8	8	8

Questions et problèmes d'application. — 1° 4 mètres et 8,
6 m. et 8, 1 m. et 8, 9 m. et 8, 7 m. et 8, 3 m. et 8, 5 m. et 8,
2 m. et 8, 8 m. et 8?

2° 17 mètres moins 8, 11 m. moins 8, 16 m. moins 8, 12 m.
moins 8, 15 m. moins 8, 9 m. moins 8, 14 m. moins 8, 10 m.
moins 8, 13 m. moins 8?

3° Henri porte 7 kilog. de la main droite et 1 kilog. de plus de
la main gauche. Quel poids porte-t-il?

Un jardinier a planté 14 pommiers; 8 seulement ont pris. Combien n'ont pas pris?

Un jardinier a planté 5 pommiers et 8 poiriers. Combien a-t-il
planté d'arbres?

Un jardinier a planté 9 pommiers et 17 poiriers. Combien a-t-il
planté de poiriers de plus que de pommiers?

Un roulier a amené 8 tombereaux de pierres et autant de tombereaux de briques. Combien en tout?

En revendant 17 fr. ce qui en coûte 9, combien gagne-t-on?

En vendant des marchandises 14 fr. on fait un bénéfice de 8 fr.
Combien coûtaient-elles?

On achète des marchandises 5 fr. Combien faut-il les revendre
pour gagner 8 fr.?

CALCUL PAR 8 DE 10 A 27.

On compte entre 10 et 27 comme entre 1 et 17.
Ainsi 16 et 8 font 24, comme 6 et 8 font 14.

Calcul au tableau. — I. Faire calculer horizontalement :
1 et 8, 11 et 8 ; 2 et 8, 12 et 8 ; etc., puis verticalement.

»	1 et 8...	2 et 8...	3 et 8...	4 et 8...
10 et 8...	11 et 8...	12 et 8...	13 et 8...	14 et 8...

5 et 8...	6 et 8...	7 et 8...	8 et 8...	9 et 8...
15 et 8...	16 et 8...	17 et 8...	18 et 8...	19 et 8...

L'exercice su, effacer les premières combinaisons horizontales et faire compter de nouveau.

II. Opérer comme ci-dessus.

8 — 8...	9 — 8...	10 — 8...	11 — 8...	12 — 8...
18 — 8...	19 — 8...	20 — 8...	21 — 8...	22 — 8...

13 — 8...	14 — 8...	15 — 8...	16 — 8...	17 — 8...
23 — 8...	24 — 8...	25 — 8...	26 — 8...	27 — 8...

Questions et problèmes d'application. — 1° 10 fr. et 8, 16 fr. et 8, 11 fr. et 8, 15 fr. et 8, 12 fr. et 8, 18 fr. et 8, 13 fr. et 8, 17 fr. et 8, 14 fr. et 8, 19 fr. et 8 ?

2° 18 fr. moins 8,   24 fr. — 8,   19 fr. — 8,   23 fr. — 8, 20 fr. — 8,   26 fr. — 8,   21 fr. — 8,   25 fr. — 8,   22 fr. — 8, 27 fr. — 8 ?

3° Combien manque-t-il à une personne qui n'a que 12 fr. pour payer un objet de 20 fr.?

Un champ contenait 22 ares; on en a pris 8 ares pour faire un jardin. Quelle est maintenant l'étendue du champ?

Une personne achète un champ de 15 ares et un jardin de 8 ares. Combien d'ares achète-t-elle?

Une personne a acheté 2 champs, l'un de 17 ares, l'autre de 25. De combien d'ares le 2e est-il plus grand que le 1er?

Un débitant a reçu 11 hectolitres de vin rouge et 8 de vin blanc. Combien a-t-il reçu d'hectolitres de vin?

Un débitant a acheté 25 hectolitres de vin; il n'en a reçu que 8 hectolitres. Combien lui en reste-t-il à recevoir?

Un débitant a reçu 26 hectolitres de vin et il n'en devait recevoir que 18. Combien en trop?

Sur un objet de 27 fr. j'ai donné 8 fr. Combien me reste-t-il à donner?

CALCUL PAR 9 DE 1 A 18.

Calcul au tableau. — Faire calculer horizontalement, puis verticalement.

I.   1 et 9...   2 et 9...   3 et 9...   4 et 9...   5 et 9...
       6 et 9...   7 et 9...   8 et 9...   9 et 9...

II.   9 — 9...   10 — 9...   11 — 9...   12 — 9...   13 — 9...
       14 — 9...   15 — 9...   16 — 9...   17 — 9...   18 — 9...

III. Faire calculer au moins une fois ainsi : 9 ôté de 10 reste 1, parce que 9 et 1 font 10; puis 9 ôté de 10, etc.

9	10	11	12	13	14	15	16	17	18
9	9	9	9	9	9	9	9	9	9

Questions et problèmes d'application. — 1° 2 litres et 9, 6 l. et 9, 8 l. et 9, 4 l. et 9, 1 l. et 9, 7 l. et 9, 3 l. et 9, 9 l. et 9, 5 l. et 9 ?

2° 15 litres moins 9, 11 l. — 9, 17 l. — 9, 13 l. — 9, 15 l. — 9,
10 l. — 9, 16 l. — 9, 12 l. — 9, 18 l. — 9, 11 l. — 9?

3° Un ouvrier commence son travail à 1 heure et le termine à
10 heures. Combien a-t-il mis d'heures pour le faire?

Combien doit payer une personne qui achète un chapeau pour
6 fr. et des souliers pour 9 fr.?

Combien manque-t-il à une personne qui n'a que 5 fr. pour payer
un objet de 14 fr.?

Une personne achète 9 kilog. de sel gris et autant de sel blanc.
Combien achète-t-elle de kilog. de sel?

Un débitant a vendu 8 litres de vin rouge et 1 litre de plus de
vin blanc. Combien de litres?

Une couturière devait faire 15 chemises; elle en a fait 9. Combien lui en reste-t-il à faire?

Un homme a dépensé 7 fr. et il lui reste 9 fr. Combien avait-il?

On a enlevé 4 litres de vin d'un tonneau et il en reste encore
9 litres. Combien y avait-il de litres de vin dans ce tonneau?

CALCUL PAR 9 DE 10 A 28.

On compte entre 10 et 28 comme entre 1 et 18.
Ainsi 17 et 9 font 26, comme 7 et 9 font 16.

Calcul au tableau. — I. Faire compter horizontalement :
1 et 9, 11 et 9; 2 et 9, 12 et 9; etc., puis verticalement.

»	1 et 9...	2 et 9...	3 et 9...	4 et 9...
10 et 9...	11 et 9...	12 et 9...	13 et 9...	14 et 9...
5 et 9...	6 et 9...	7 et 9...	8 et 9...	9 et 9...
15 et 9...	16 et 9...	17 et 9...	18 et 9...	19 et 9...

L'exercice su, effacer les premières combinaisons horizontales et faire calculer de nouveau.

II. Opérer comme ci-dessus.

9 — 9...	10 — 9...	11 — 9...	12 — 9...	13 — 9...
19 — 9...	20 — 9...	21 — 9...	22 — 9...	23 — 9...
14 — 9...	15 — 9...	16 — 9...	17 — 9...	18 — 9...
24 — 9...	25 — 9...	26 — 9...	27 — 9...	28 — 9...

Questions et problèmes d'application. — 10 kilog. et 9. 16 k. et 9, 12 k. et 9, 18 k. et 9, 14 k. et 9, 11 k. et 9, 15 k. et 9, 17 k. et 9, 13 k. et 9, 19 k. et 9?

2° 20 kilog. — 9, 24 k. — 9, 21 k. — 9, 27 k. — 9, 23 k. — 9, 19 k. — 9, 25 k. — 9, 22 k. — 9, 26 k. — 9, 28 k. — 9?

3° Une fermière a vendu du beurre pour 15 fr. et de la crème pour 9 fr. Combien a-t-elle reçu?

On a acheté un objet 18 fr. Combien faut-il le revendre pour gagner 9 fr.?

Eugène a 22 ans, son frère a 9 ans. Combien Eugène a-t-il de plus que son frère?

Une personne a donné 12 fr. à son tailleur et elle lui doit encore 9 fr. Combien lui devait-elle?

En vendant une marchandise 25 fr. on gagne 9 fr. Combien coûtait-elle?

Louis a 17 billes. Combien doit-il en gagner pour en avoir 26?

Une mercière avait 28 mètres de ruban et elle en a vendu 9 mètres. Combien lui en reste-t-il?

Une mercière avait 20 mètres de ruban et il lui en reste 11 mètres. Combien en a-t-elle vendu de mètres?

REVISION.

Calcul au tableau. — I. Faire ajouter 1 à tous les nombres ci-dessous, puis successivement 2, 3, 4, 5, 6, 7, 8, 9.

3 et ..., ...	14 et ..., ...
5 et ..., ...	11 et ..., ...
1 et ..., ...	18 et ..., ...
8 et ..., ...	12 et ..., ...
2 et ..., ...	15 et ..., ...
6 et ..., ...	13 et ..., ...
4 et ..., ...	17 et ..., ...
7 et ..., ...	19 et ..., ...
9 et ..., ...	16 et ..., ...

II. Faire compléter les additions suivantes :

Ire SÉRIE.	2e SÉRIE.
1 et ..., 5	... et 1, 4
1 et ..., 10	... et 1, 2

1 et ..., 8	... et 1, 5
1 et ..., 3	... et 1, 7
1 et ..., 4	... et 1, 8
1 et ..., 6	... et 1, 3
1 et ..., 2	... et 1, 9
1 et ..., 9	... et 1, 6
1 et ..., 7	... et 1, 10

Continuer les exercices de la 1re série avec les nombres de 1 à 19 comme nombres connus à additionner les premiers, les deuxièmes devant toujours être les 9 premiers nombres.

Continuer les exercices de la 2e série avec les 9 premiers nombres comme nombres connus à ajouter aux premiers, ceux-ci devant être successivement les 19 premiers nombres.

CHAPITRE V

Calcul par 10, 3, 4, 5, 6, 7, 8, 9 de 1 à 100.

CALCUL PAR 10 DE 1 A 100.

Pour calculer par 10, par addition ou par soustraction, il suffit d'ajouter ou de retrancher une dizaine, le chiffre des unités reste le même.

Calcul au tableau. — I. Écrire au tableau une certaine quantité de nombres compris entre 1 et 100, et faire ajouter 10 à chacun.

II. Écrire au tableau une certaine quantité de nombres compris entre 10 et 100, et faire retrancher 10 de chacun.

Questions et problèmes d'application. — 1° 4 mètres et 10 m.,
12 m. et 10, 28 m. et 10, 35 m. et 10, 40 m. et 10, 91 m. et 10,
67 m. et 10, 73 m. et 10, 77 m. et 10, 86 m. et 10, 52 m. et 10,
81 m. et 10, 53 m. et 10, 10 m. et 10, 31 m. et 10, 49 m. et 10,
58 m. et 10, 62 m. et 10, 78 m. et 10, 84 m. et 10, 98 m. et 10, etc.

2° 18 mètres moins 10, 27 m. moins 10, 42 m. moins 10, 59 m.
moins 10, 65 m. moins 10, 71 m. moins 10, 83 m. moins 10, 96 m.
moins 10, 74 m. moins 10, 92 m. moins 10, 19 m. moins 10, 44 m.
moins 10, 70 m. moins 10, 24 m. moins 10, 36 m. moins 10, 39 m.
moins 10, 53 m. moins 10, 68 m. moins 10, etc.

3° Dans une bibliothèque il y avait 4 volumes de géographie; on
en a ajouté 10. Combien y en a-t-il?

Dans une bibliothèque il y avait 17 volumes d'histoire; 10 sont
détériorés. Combien en reste-t-il?

Un homme a acheté une marchandise 58 fr.; il la revend avec un
bénéfice de 10 fr. Combien la revend-il?

Un homme a vendu une marchandise 46 fr., et il a fait un bénéfice de 10 fr. Combien l'avait-il achetée?

Quelle différence y a-t-il entre 69 et 79?

De combien le nombre 83 est-il plus grand que le nombre 73?

Quel est le nombre plus petit que 87 de 10 unités?

Que faudrait-il ajouter à 44 pour avoir 54?

CALCUL PAR 3 DE 1 A 100.

Calcul par analogie. — I. Écrire au tableau les combinaisons points de départ ci-dessous, et faire compter : 1 et 3,
11 et 3, 21 et 3, 31 et 3, etc. *Inversement*, 4 — 3, 14 — 3,
24 — 3, etc.

1°	1 et 3	*Inversement*	4 — 3
2°	2 et 3		5 — 3
3°	3 et 3		6 — 3
4°	4 et 3		7 — 3
5°	5 et 3		8 — 3
6°	6 et 3		9 — 3
7°	7 et 3		10 — 3
8°	8 et 3		11 — 3
9°	9 et 3		12 — 3
10°	10 et 3		13 — 3

Faire compter par 3 à partir de 1, de 2 ou de 3, et inversement à partir de 102, de 101 ou de 100.

1 et 3, 4; et 3, 7, etc. 102 — 3, 99 ; moins 3, 96, etc.

Questions et problèmes. d'application. — 1° 24 et 3, 56 et 3, 45 et 3, 70 et 3, 82 et 3, 75 et 3, 91 et 3, 78 et 3, 37 et 3. etc.

2° 45 — 3, 37 — 3, 51 — 3, 68 — 3, 72 — 3, 88 — 3, 95 — 3. 41 — 3, 52 — 3, etc.

3° Un homme a acheté un meuble pour 75 fr.; il a donné 3 fr. pour le faire cirer. A combien lui revient-il?

Un marchand a reçu 66 assiettes et 3 plats. Combien a-t-il reçu d'objets?

Sur une route il y avait 61 marronniers; on en a coupé 3. Combien en reste-t-il?

Sur l'un des côtés d'une route il y a 46 arbres; il y en avait autant sur l'autre côté, mais il n'y en a plus que 43. Combien en manque-t-il?

Il y avait 97 volumes dans notre bibliothèque; mon oncle en a emprunté 3. Combien en reste-t-il?

Un employé gagne 87 fr. par mois; un autre gagne 90 fr. Combien en plus?

Dans un combat il y a eu 98 blessés et 3 tués. Combien d'hommes hors de combat?

Dans un pré la foudre a arraché 3 arbres, le vent en a brisé 3. Combien d'arbres détruits?

On a acheté une marchandise 54 fr.; on l'a revendue 57. Combien a-t-on gagné?

Un tonneau contient 32 litres; un second contient 3 litres de plus. Combien en contient-il?

Un ouvrier qui gagne 67 fr. par mois veut économiser 3 fr. Combien peut-il dépenser?

Un homme avait 74 fr.; il a acheté des marchandises pour 3 fr. Combien lui reste-t-il?

Que reste-t-il d'une somme de 82 fr. si on dépense 3 fr.?

Un fermier a reçu 48 fr. pour un veau et 3 fr. pour une paire de poulets. Combien a-t-il reçu?

Dans une école il y a 92 élèves; 3 sont absents. Combien y en a-t-il de présents?

Charles a 57 bons points, Louis en a 60. Combien en plus?

Une personne achète des marchandises pour 52 fr.; lorsqu'il s'agit de payer elle s'aperçoit qu'il lui manque 3 fr. Combien a-t-elle?

Calcul mental.   4

Une mercière avait 30 mètres de ruban; elle en a vendu 3 mètres. Combien lui en reste-t-il?

Un propriétaire a dans sa cave 88 bouteilles de vin de Bourgogne et 3 de vin de Champagne. Combien a-t-il de bouteilles de vin?

Un cultivateur avait dans un champ 40 noyers; il en a arraché 3. Combien lui en reste-t-il?

CALCUL PAR 4 DE 1 A 100.

Calcul par analogie. — I. Écrire au tableau les combinaisons points de départ ci-dessous et faire compter : 1 et 4, 11 et 4, 21 et 4, etc., et inversement, 5 — 4, 25 — 4, etc.

1º	1 et 4	*Inversement*	5 — 4
2º	2 et 4		6 — 4
3º	3 et 4		7 — 4
4º	4 et 4		8 — 4
5º	5 et 4		9 — 4
6º	6 et 4		10 — 4
7º	7 et 4		11 — 4
8º	8 et 4		12 — 4
9º	9 et 4		13 — 4
10º	10 et 4		14 — 4

II. Faire compter par 4 à partir de 2 ou de 4 : 2 et 4, 6; et 4, 10, etc., et inversement à partir de 100 ou de 102, puis à partir de 1 ou de 3, et inversement à partir de 101 ou de 103.

Exercices et problèmes d'application. — 1º 18 et 4, 53 et 4, 62 et 4, 75 et 4, 92 et 4, 29 et 4, 68 et 4, 87 et 4, etc.

2º 37 — 4, 51 — 4, 72 — 4, 48 — 4, 69 — 4, 91 — 4, 50 — 4, 63 — 4, etc.

3º Sur une pièce de drap de 36 mètres on a pris 1 mètre pour faire un gilet et 3 mètres pour faire un pardessus. Combien reste-t-il de mètres?

Un vigneron a vendu 31 hectolitres de vin rouge et 4 hectolitres de vin blanc. Combien d'hectolitres en tout?

Dans une maison il y avait 83 carreaux aux fenêtres; le vent en a cassé 1. Combien en reste-t-il?

4.

Un marchand a acheté 2 moutons pour 65 fr.; il les a revendus 69 fr. Combien a-t-il gagné?

Un ouvrier a donné pour la dépense d'un mois 22 fr. au boulanger et 4 fr. à l'épicier. Combien en tout?

Un ouvrier doit tailler 66 mètres de haies; il lui en reste 4 mètres à tailler. Combien en a-t-il taillé de mètres?

Un tailleur a fait un vêtement pour 43 fr.; il en a réparé un autre pour 4 fr. Combien lui est-il dû?

Un tisserand a une pièce de toile de 29 mètres à faire; il en a fait 25 mètres. Combien lui en reste-t-il à faire?

Mon frère a emporté 70 fr. et n'a rapporté que 4 fr. Combien a-t-il dépensé?

Un fermier a acheté un veau pour 64 fr. et l'a revendu avec une perte de 4 fr. Combien l'a-t-il revendu?

Un petit marchand a reçu une caisse de 87 oranges; 4 sont gâtées. Combien y en a-t-il de bonnes?

Il reste à un jardinier 77 melons et il en a vendu 4. Combien en avait-il?

Dans un fût il y avait 100 litres de bière; il n'en reste que 4 litres. Combien de litres ont été bus?

On m'offre un habillement pour 91 fr.; je ne voudrais le payer que 87. Combien en moins?

Deux caisses pèsent l'une 89 kilog. et l'autre 4 kilog. de plus. Combien pèse cette dernière?

Pour faire une clôture on a amené 95 échalas et il en manque 4. Combien emploiera-t-on d'échalas?

Un ouvrier avait 86 fr. d'économies; il vient d'y ajouter 4 fr. Quelles sont ses économies?

Un homme a acheté un tonneau de vin pour 71 fr.; il a payé 4 fr. pour le transport. A combien lui revient-il?

Que reste-t-il d'une somme de 102 fr. si on a dépensé 4 fr.?

Quelle différence y a-t-il entre 39 et 43?

CALCUL PAR 5 DE 1 A 100.

Calcul par analogie. — 1. Écrire au tableau les combinaisons points de départ ci-dessous et faire compter : 1 et 5, 11 et 5, 21 et 5, etc. *Inversement*, 6 — 5, 16 — 5, 26 — 5, etc.

1 et 5	*Inversement* 6 — 5
2 et 5	7 — 5
3 et 5	8 — 5

4 et 5	*Inversement* 9 — 5
6 et 5	10 — 5
7 et 5	11 — 5
8 et 5	12 — 5
9 et 5	13 — 5
10 et 5	14 — 5.

II. Faire compter par 5 à partir de 5, de 1, de 2, de 3 ou de 4 : 5 et 5, 10; et 5, 15, etc., et inversement, à partir de 100, de 101, de 102, de 103 ou de 104.

Exercices et problèmes d'application. — 1º 14 et 5, 21 et 5, 36 et 5, 48 et 5, 53 et 5, 72 et 5, 39 et 5, 88 et 5, 97 et 5, 26 et 5, etc.

2º 18 — 5, 37 — 5, 42 — 5, 51 — 5, 66 — 5, 60 — 5, 71 — 5, 88 — 5, 92 — 5, 103 — 5, 24 — 5, etc.

3º Un fermier a récolté 71 gerbes dans un champ et 5 de plus dans un second. Combien dans le second?

Un tonneau contient 58 litres; un second 5 litres de moins. Combien contient le second?

Mon père a 53 ans, ma mère 48. Combien en moins?

Un fermier a 87 moutons et un autre 92. Combien en plus?

On a acheté une caisse de savon pour 79 fr. Le transport ayant coûté 5 fr., à combien revient la caisse de savon?

Un fût de bière a coûté avec le transport 47 fr. Le transport ayant coûté 5 fr., combien coûte la bière?

J'ai 25 fr. Combien me manque-t-il pour avoir 30 fr.?

Mon père a acheté 89 briques; il lui en reste 5. Combien en a-t-il employé?

Un fermier a refusé 63 fr. de son veau; le lendemain il l'a vendu 68 fr. Combien a-t-il gagné à attendre?

Il reste à un vigneron 67 pièces de vin après en avoir vendu 5. Combien a-t-il récolté de pièces?

Je donne un billet de 100 fr. pour payer une dépense de 95 fr. Combien doit-on me rendre?

J'ai acheté un objet 37 fr.; je l'ai revendu avec une perte de 5 fr. Combien l'ai-je revendu?

Il y a dans un fût 49 litres de vin; on l'emplirait en y ajoutant 5 litres. Quelle est la contenance de ce fût?

Un ouvrier aurait dû recevoir 62 fr. pour la paye d'une semaine; on lui a retenu 5 fr. Combien a-t-il reçu?

Pierre a versé à la Caisse d'épargne 33 fr. en janvier et 5 fr. en février. Combien en tout?

Deux ouvriers ont fait l'un 58 mètres et l'autre 63 mètres d'ouvrage. Combien le 2ᵉ a-t-il fait de plus que le 1ᵉʳ?

Dans une classe il y a 11 élèves; 5 ne savent pas lire. Combien savent lire?

Jules a lu 88 pages d'un livre et il lui en reste 5 à lire. Combien le livre a-t-il de pages?

Un ouvrier avait 77 fr. d'économies; il vient d'y ajouter 5 fr. Quelles sont maintenant ses économies?

Deux sacs de froment pèsent l'un 81 kilog. et l'autre 5 kilog. de moins. Combien pèse le 2ᵉ?

CALCUL PAR 6 DE 1 A 100.

Calcul par analogie. — I. Écrire au tableau les combinaisons points de départ ci-dessous et faire compter : 1 et 6, 11 et 6, 21 et 6, etc. *Inversement*, 7 — 6, 17 — 6, 27 — 6, etc.

1 et 6	*Inversement* 7 — 6
2 et 6	8 — 6
3 et 6	9 — 6
4 et 6	10 — 6
5 et 6	11 — 6
6 et 6	12 — 6
7 et 6	13 — 6
8 et 6	14 — 6
9 et 6	15 — 6
10 et 6	16 — 6

II. Faire compter par 6 à partir de 6, de 2 ou de 4 (6 et 6, 12; et 6, 18, etc.), et inversement à partir de 102, de 104 ou de 100; puis à partir de 1, de 3 ou de 5, et inversement à partir de 103, de 105 ou de 101.

Questions et problèmes d'application. — 1° 34 et 6, 52 et 6, 68 et 6, 75 et 6, 87 et 6, 19 et 6, 35 et 6, 41 et 6, 97 et 6, etc.

2° 27 — 6, 35 — 6, 44 — 6, 56 — 6, 63 — 6, 71 — 6, 87 — 6, 90 — 6, 78 — 6, 52 — 6, etc.

3º Un industriel occupait 43 ouvriers ; il en a pris 6 autres. Combien en occupe-t-il maintenant?

Que reste-t-il d'une somme de 62 fr. si l'on dépense 6 fr.?

Une famille a dépensé en un mois 84 fr. d'entretien et 6 fr. d'éclairage. Combien en tout?

J'ai acheté des marchandises pour 60 fr.; on m'a fait une remise de 6 fr. Combien ai-je payé?

Un marchand a fait venir 96 assiettes ; 6 se sont cassées en route. Combien lui en reste-t-il à vendre?

Un bateau est chargé de 70 balles de coton; 6 sont avariées. Combien ne sont pas avariées?

Deux vignerons ont récolté ensemble 32 pièces de vin; l'un n'en a récolté que 6 pièces. Combien l'autre en a-t-il récolté?

Une garnison comprend 88 hommes valides et 6 malades. Combien en tout?

Dans un village il y a 86 maisons couvertes en tuile et 6 en ardoise. Combien de maisons en tout?

Un menuisier a fait une fenêtre pour 37 fr. et posé des carreaux pour 6 fr. Que lui est-il dû?

A la foire il y avait 79 chevaux et 6 mulets. Combien d'animaux?

Mon oncle avait 91 pigeons; il m'en a donné 6. Combien lui en reste-t-il ?

Un vigneron a récolté 45 pièces de vin; un autre en a récolté 51. Combien en plus?

L'année dernière un vigneron a récolté 84 hectolitres de vin; cette année 78. Combien en moins?

Un fermier a mené 25 hectolitres d'avoine au marché; il en a vendu 6 hectolitres. Combien lui en reste-t-il à vendre?

Un marchand a acheté du drap pour 72 fr.; il l'a revendu avec un bénéfice de 6 fr. Combien l'a-t-il revendu?

Combien faudrait-il ajouter à 56 fr. pour avoir 62 fr.?

Jean paye 81 fr. d'impôts et Pierre 6 fr. de moins. Combien?

Un industriel occupait 98 ouvriers; il en a renvoyé 6. Combien en occupe-t-il maintenant?

Une fermière a 30 pièces de volailles; 6 sont des pintades, le reste des poules. Combien a-t-elle de poules?

CALCUL PAR 7 DE 1 A 100.

Calcul par analogie. — I. Écrire au tableau les combinaisons points de départ ci-dessous et faire compter : 1 et 7,

11 et 7, 21 et 7, etc. *Inversement*, 8 — 7, 18 — 7, 28 — 7, etc.

1 et 7	*Inversement* 8 — 7
2 et 7	9 — 7
3 et 7	10 — 7
4 et 7	11 — 7
5 et 7	12 — 7
6 et 7	13 — 7
7 et 7	14 — 7
8 et 7	15 — 7
9 et 7	16 — 7
10 et 7	17 — 7

II. Faire compter par 7 à partir de 7, de 1, de 2, de 3, de 4, de 5 ou de 6 : 7 et 7, 14; et 7, 21, etc.; inversement à partir de 105, 106, 100, 101, 102, 103 ou 104.

Questions et problèmes d'application. — 1° 32 et 7, 45 et 7, 38 et 7, 66 et 7, 72 et 7, 81 et 7, 95 et 7, 77 et 7, etc.

2° 24 — 7, 35 — 7, 69 — 7, 72 — 7, 87 — 7, 93 — 7, 39 — 7, 51 — 7, 43 — 7, etc.

3° Un ouvrier a placé la semaine dernière 21 fr. à la Caisse d'épargne; cette semaine 7 fr. Combien en tout?

Un autre ouvrier a placé 36 fr. à la Caisse d'épargne la semaine dernière: cette semaine il a placé 7 fr. de moins. Combien cette semaine?

Un journalier a placé 47 fr. à la Caisse d'épargne en juillet et 54 en août. Combien en plus?

Une personne a 68 fr. en monnaie d'argent et 7 fr. en monnaie de bronze. Combien en tout?

Une caisse contient 74 kilog. de marchandises; la caisse seule pèse 7 kilog. Combien pèse le tout?

Une caisse pleine pèse 63 kilog.; la caisse seule pèse 7 kilog. Combien pèse la marchandise?

Mon père a gagné 44 fr. et ma mère 7 fr. de moins. Combien a gagné ma mère?

A quel prix faut-il revendre un meuble qui a coûté 53 fr. pour gagner 7 fr.?

J'ai acheté 70 noisettes et on m'en a donné 1 de plus par dizaine. Combien en ai-je reçu?

Mon frère a 37 ans. Quel âge aura-t-il dans 7 ans?

Un meuble est vendu 49 fr., mais à ce prix on perd 7 fr. Combien l'avait-on acheté?

On a acheté une commode pour 76 fr. et un lit pour 69. Combien le lit coûte-t-il de moins que la commode?

Une commode coûte 85 fr. et un lit 7 fr. de moins. Combien coûte le lit?

Une ménagère emporte au marché 31 fr. et ne dépense que 7 fr. Combien rapporte-t-elle?

Un vase plein d'eau pèse 35 kilog.; le vase pèse 7 kilog. Combien pèse l'eau?

Ma montre m'a coûté 66 fr. et 7 fr. de réparations. A combien me revient-elle?

J'ai 57 fr.; si j'avais 7 fr. de plus, je pourrais payer ce que je dois. Combien dois-je?

Quelle différence de prix y a-t-il entre un objet qui vaut 92 fr. et un autre qui vaut 85 fr.?

Mon champ a 74 mètres de longueur et 7 mètres de moins en largeur. Quelle en est la largeur?

Un voyageur a fait 33 kilomètres et un autre 26. Combien en moins?

CALCUL PAR 8 DE 1 A 100.

Calcul par analogie. — I. Écrire au tableau les combinaisons points de départ ci-dessous et faire compter 1 et 8, 11 et 8, 21 et 8, etc. *Inversement,* 9 — 8, 19 — 8, etc.

1 et 8	*Inversement* 9 — 8
2 et 8	10 — 8
3 et 8	11 — 8
4 et 8	12 — 8
5 et 8	13 — 8
6 et 8	14 — 8
7 et 8	15 — 8
8 et 8	16 — 8
9 et 8	17 — 8
10 et 8	18 — 8

II. Faire compter par 8 à partir de 8, de 2, de 4 ou de 6 (8 et 8, 16; et 8, 24, etc.), et inversement à partir de 104, de 106, de 100 ou de 108; puis à partir de 1, de 3, de 5 ou de 7, et inversement à partir de 105, de 107, de 100 ou de 103.

Remarque. — On peut, pour l'addition, ajouter 10 et retrancher 2; pour la soustraction retrancher 10 et ajouter 2.

Questions et problèmes d'application. — 1° 19 et 8, 32 et 8, 45 et 8, 66 et 8, 71 et 8, 83 et 8, 97 et 8, etc.

2° 26 — 8, 32 — 8, 45 — 8, 61 — 8, 54 — 8, 77 — 8, 88 — 8, 90 — 8, 57 — 8, 100 — 8, etc.

3° J'ai échangé une montre qui me coûtait 52 fr. contre une autre, et j'ai donné 8 fr. Quel est le prix de ma seconde montre?

Mon champ avait une étendue de 39 ares; on m'en a pris 8 ares pour faire un chemin. Quelle grandeur reste-t-il?

J'ai acheté un meuble pour 94 fr. et j'ai payé 8 fr. de frais. A combien me revient-il?

J'ai acheté une pièce de toile de 87 mètres; après le lessivage, elle n'avait plus que 79 mètres. De combien s'est-elle raccourcie?

En revendant une marchandise 68 fr., je perds 8 fr. Combien faudrait-il la revendre pour ne rien perdre?

Une marchandise me coûte 47 fr. Combien faudrait-il la revendre pour gagner 8 fr.?

Une marchandise me coûtait 92 fr.; je l'ai revendue 100 fr. Combien ai-je perdu ou gagné?

Henri a 8 ans. Quel âge aura-t-il dans 27 ans?

Un boulanger a reçu une première fois 105 hectolitres de farine, et une seconde fois 8 hectolitres de moins. Combien la seconde fois?

Un escalier a 31 marches; un autre 23. Combien en moins?

Quelle était la longueur d'une pièce de toile, sachant qu'après en avoir vendu 36 mètres, il en reste encore 8 mètres?

D'un sac qui contenait 72 fr. en argent, on a retiré 8 fr. Quelle somme reste-t-il?

Après avoir payé une dette de 75 fr., il me reste 8 fr. Combien avais-je?

Un ouvrier aurait dû recevoir 57 fr., mais il n'a reçu que 49 fr. Combien lui a-t-on retenu?

Dans une pension de 92 élèves, 8 sont en congé. Combien y en a-t-il de présents?

Un homme a commencé un voyage le 23 août. Ce voyage ayant duré 8 jours, quand l'a-t-il terminé?

Un homme a commencé un voyage le 22 juin et l'a terminé le 30. Combien ce voyage a-t-il duré?

J'ai acheté 80 châtaignes et on m'en a donné une de plus par dizaine. Combien m'en a-t-on donné?

Quelle différence de poids y a-t-il entre une caisse qui pése 44 kilog. et une seconde caisse qui pèse 36 kilog.?

Dans 8 ans, mon grand-père aura 97 ans. Quel âge a-t-il?

CALCUL PAR 9 DE 1 A 100.

Calcul par analogie. — I. Écrire au tableau les combinaisons points de départ suivantes et faire compter : 1 et 9, 11 et 9, 21 et 9, etc. *Inversement*, 10 — 9, 20 — 9, 30 — 9, etc.

1 et 9	*Inversement*	10 — 9
2 et 9		11 — 9
3 et 9		12 — 9
4 et 9		13 — 9
5 et 9		14 — 9
6 et 9		15 — 9
7 et 9		16 — 9
8 et 9		17 — 9
9 et 9		18 — 9
10 et 9		19 — 9

II. Faire compter par 9 à partir de l'un des neuf premiers nombres (9 et 9, 18; et 9, 27, etc.), et inversement à partir des nombres compris entre 100 et 108.

REMARQUE. — Pour ajouter 9, on peut ajouter 10 et retrancher 1; pour retrancher 9, on peut retrancher 10 et ajouter 1.

Questions et problèmes d'application. — 1º 24 et 9, 36 et 9, 43 et 9, 57 et 9, 71 et 9, 88 et 9, 96 et 9, 48 et 9, etc.

2º 21 — 9, 37 — 9, 48 — 9, 60 — 9, 74 — 9, 83 — 9, 92 — 9, 67 — 9, etc.

3º Il me manque 9 fr. pour payer une dette de 72 fr. Combien ai-je?

Dans une classe il y a 52 élèves; dans une autre 9 de plus. Combien dans l'autre?

Un menuisier présente un mémoire de 90 fr.; on lui rabat 1 fr. par dizaine. Combien lui donne-t-on?

Un livre a 85 pages; un autre 94. Combien en plus?

On devait à une personne 45 fr.; on lui doit encore 9 fr. Combien lui a-t-on donné?

On a acheté un meuble pour 67 fr.; on y fait faire des réparations pour 9 fr. Combien faudrait-il le revendre pour ne rien perdre?

Un employé gagnait 74 fr. par mois; on vient de l'augmenter de 9 fr. Combien gagne-t-il?

Un employé gagnait 67 fr. par mois; il gagne maintenant 76 fr. De combien a-t-il été augmenté?

Pour payer une somme de 54 fr., j'ai donné 45 fr. en or et le reste en argent. Combien en argent?

Sur une somme que je dois, je donne 33 fr. et je dois encore 9 fr. Combien devais-je?

Quel bénéfice fait-on en revendant 66 fr. ce qui coûte 57 fr.?

Une épidémie a fait mourir 9 personnes dans un village de 58 habitants. Combien reste-t-il d'habitants?

Un vigneron qui a récolté 63 hectolitres de vin en a bu 9 hectolitres et a vendu le reste. Combien d'hectolitres a-t-il vendus?

Un épicier a retiré 47 fr. de la vente d'une caisse de savon, et il a gagné 9 fr. Combien le savon lui coûtait-il?

Un industriel occupe 93 ouvriers; 84 sont présents à l'atelier. Combien y en a-t-il d'absents?

Ma mère gagne 39 fr. par semaine et mon père 9 fr. de plus. Combien gagne mon père?

De combien faudrait-il allonger une corde de 48 mètres pour qu'elle ait 57 mètres?

Un jeune homme est entré au régiment à 21 ans et en est sorti à 30 ans. Combien de temps y est-il resté?

L'étoffe d'une robe coûte 46 fr.; la façon 9 fr. A combien revient cette robe?

Combien revend-on une armoire qui avait coûté 95 fr. si on perd 9 fr. en la revendant?

REVISION GÉNÉRALE.

Écrire au tableau les 9 premiers nombres; il suffit de les montrer successivement sans ordre, 1° pour les faire ajouter les uns aux autres; 2° ou partant du nombre 100, pour les faire retrancher successivement.

CHAPITRE VI

Table de multiplication et de division.

PAR 1.

La multiplication par 1 donne le même nombre.
Ex. : 6 fois 1ᶠ font 6 fᶠ; 1 fois 6ᶠ fait 6ᶠ.

Questions et problèmes d'application. — Combien font 6 fois
1 bon point, 3 fois, 8 fois, 2 fois, 5 fois, 9 fois, 4 fois, 7 fois 1 bon
point?

Jules gagne 1 fr. par jour. Que gagnerait-il en 6 jours? en 8, 5,
9. 4, 7 jours?

Un crayon coûte 1 sou. Combien aurait-on de crayons pour
8 sous? pour 6, 4, 9, 2, 10, 5, 7 sous?

Louis gagne 1 fr. par heure. Combien faudrait-il qu'il travaille
d'heures pour gagner 6 fr.? 7 fr., 2 fr., 9 fr., 4 fr., 8 fr., 5 fr.,
3 fr., 10 fr.?

PAR 2.

Faire compter en manœuvrant les boules par
groupes de 2 à chaque rangée :

1° 1 fois 2 b., 2 b.; 2 fois 2 b., etc.

2° Dans 4 boules il y a 2 fois 2 boules, etc. (Le
nombre de fois est indiqué par le nombre de rangées.)

Même exercice sans énoncer le mot boule.

Calcul au tableau.

I.   1 fois 2...
                 2 fois 2...
                 3 fois 2..., etc.

L'exercice su, faire compter directement et par renversement 1 fois 2, 2 fois 1, etc., puis par renversement seulement.

II.   2 fois ... 10
                       2 fois ... 14
                       2 fois ... 8, etc.

III. **Faire compter** au moins une fois ainsi : dans 6 il y a 3 fois 2, parce que 3 fois 2 font 6.

              Dans   4 il y a ... fois 2
              Dans   6   —   ... fois 2
              Dans   8   —   ... fois 2
              Dans 10   —   ... fois 2, etc.

IV. **Faire calculer** au moins une fois ainsi : la moitié de 6 est 3, parce que 2 fois 3 font 6.

Écrire les nombres 2, 4, 6, 8, etc., et faire calculer la moitié.

Questions et problèmes d'application. — Combien font 4 fois 2 boules, 6 fois 2 litres, 2 fois 2 grammes, 8 fois 2 francs, 3 fois 2 centimes, 7 fois 2 kilog., 9 fois 2 hectolitres, 5 fois 2 décimètres?

Combien faut-il de pièces de 2 fr. pour faire 8 fr., 12 fr., 14 fr., 10 fr., 16 fr., 6 fr., 4 fr., 18 fr.?

Quelle est la moitié de 6 boules, de 10 noisettes, de 4 bons points, de 16 noix, de 10 prunes, de 2 poires, de 12 amandes, de 8 pêches, de 14 pommes, de 18 cerises?

Un poulet coûte 2 fr. Que coûtent 5 poulets, 3, 7, 9, 4, 2, 8, 6, 10 poulets?

Un poulet coûte 2 fr. Combien aurait-on de poulets pour 10 fr., 4 fr., 16 fr., 8 fr., 6 fr., 12 fr., 18 fr., 14 fr.?

Combien de poulets font 6 paires, 4, 8, 3, 5, 7, 2, 9 paires?

Combien de paires font 6 poulets, 12, 8, 4, 18, 14, 10, 2, 6, 16 poulets?

Un homme gagne 2 fr. par jour. Que gagne-t-il dans une semaine entière?

Quel est le nombre 2 fois plus grand que 7?

Quel est le nombre 2 fois plus petit que 18?

On a 16 litres d'huile que l'on veut mettre dans des bouteilles de 2 litres. Combien faut-il de bouteilles?

PAR 3.

Faire compter en manœuvrant les boules par groupes de 3 à chaque rangée :

1° 1 fois 3 b., 3 b.; 2 fois 3 b., 6 b., etc.

Inversement, dans 6 boules il y a 2 fois 3 b., etc.

2° Même exercice sans énoncer le mot boule.

Calcul au tableau.

I.   1 fois 3 ...
               2 fois 3 ...
               3 fois 3 ..., etc.

L'exercice su, faire compter directement et par renversement 1 fois 3, 3 fois 1, etc., puis par renversement seulement.

II.   3 fois ... 6
               3 fois ... 15
               3 fois ... 12, etc.

III. Faire compter au moins une fois ainsi : dans 12 il y a 4 fois 3, parce que 4 fois 3 font 12.

       Dans   6 il y a ... fois 3
       Dans   9   —   ... fois 3
       Dans 12   —   ... fois 3, etc.

IV. Faire calculer au moins 1 fois ainsi : le tiers de 12 est 4, parce que 4 fois 3 font 12.

Écrire les nombres 3, 12, 6, 15, 9, 21, 18, 27, 24, et en faire trouver le tiers.

Questions et problèmes d'application. — Combien font 3 fois 3 litres, 5 fois 3 tonneaux, 7 fois 3 décalitres, 9 fois 3 ares, 2 fois 3 mètres, 4 fois 3 kilomètres, 6 fois 3 sacs, 8 fois 3 francs?

Combien pourrait-on remplir de bouteilles de 3 litres avec 12 litres de vin? Avec 18, 15, 24, 9, 27, 6, 21 litres?

Quel est le tiers de 6 vases, de 9 assiettes, de 3 sacs, de 15 verres, de 21 bouteilles, de 12 couteaux, de 27 francs, de 18 mètres, de 24 grammes?

Un vase contient 3 litres. Que contiennent 4 vases semblables? 6, 8, 9, 7, 5, 3 vases?

Que valent 6 paires de sabots à 3 fr. la paire? 9 chapeaux à 3 fr. le chapeau?

Quel est le nombre 3 fois plus grand que 7?

Quel est le nombre 3 fois plus petit que 15?

Une mercière avait 24 mètres de ruban; elle en a vendu le tiers. Combien de mètres a-t-elle vendus?

Un cahier coûte 3 sous. Combien aurait-on de cahiers pour 9 sous, pour 18 sous?

Six caisses pèsent ensemble 18 kilog. Combien pèse une caisse? Combien pèseraient 9 caisses, 5 caisses, 6 caisses de même poids?

Le tiers d'un nombre est 8. Quel est ce nombre?

PAR 4.

Faire compter en manœuvrant les boules par groupes de 4 à chaque rangée :

1° 1 fois 4 b., 4 b.; 2 fois 4 b., 8 b., etc.

Inversement, dans 8 b. il y a 2 fois 4 b., etc.

2° Même exercice sans énoncer le mot boule.

Calcul au tableau.

I.
    1 fois 4 ...
    2 fois 4 ...
    3 fois 4 ..., etc.

L'exercice su, faire compter directement et par renversement 1 fois 4, 4 fois 1, etc., puis par renversement seulement.

II.
    4 fois ... 12
    4 fois ... 16
    4 fois ... 24, etc.

III. Faire compter au moins 1 fois ainsi : dans 12 il y a 3 fois 4, parce que 3 fois 4 font 12.

Dans 16 il y a ... fois 4
Dans 24   —   ... fois 4
Dans 12   —   ... fois 4, etc.

IV. Faire compter au moins une fois ainsi ; le quart de 12 est 3, parce que 3 fois 4 font 12.

Écrire les nombres 12, 24, 36, 8, 4, 16, 28, 20, 32, et en faire calculer le quart.

Questions et problèmes d'application. — Combien font 2 fois 4 draps, 6 fois 4 mouchoirs, 7 fois 4 serviettes, 3 fois 4 essuie-mains, 8 fois 4 torchons, 5 fois 4 chemises, 9 fois 4 bonnets, 4 fois 4 cravates, 5 fois 4 cordons ?

Combien y a-t-il de lieues dans 8 kilomètres ? dans 16, 20, 12, 24, 32, 36, 28 kilomètres ?

Quel est le quart de 20 poulets, de 32 oies, de 12 dindes, de 16 canards, de 8 pintades, de 24 œufs, de 28 lapins, de 36 chèvres ?

Un mètre d'étoffe coûte 4 fr. Que coûtent 2 mètres ? 8, 5, 9, 7, 3, 4, 6 mètres ?

Un livre coûte 4 fr. Combien aurait-on de livres pour 8 fr., 16 fr., 12 fr., 24 fr., 36 fr., 28 fr., 20 fr.?

On doit 24 fr. et on donne 4 fr. par semaine. Combien de semaines mettra-t-on pour s'acquitter ?

Quel est le nombre 5 fois plus grand que 4 ?

Quel est le nombre 4 fois plus petit que 36 ?

Un ouvrier gagne 28 fr. en 4 jours. Combien gagne-t-il par jour ?

Quel est le nombre qu'il faut multiplier par 4 pour avoir 32 ?

Le quart d'un nombre est 9. Quel est ce nombre ?

Six dindons coûtent 24 fr. Combien coûte un dindon ? Combien coûteraient 4, 9, 7 dindons ?

PAR 5.

Faire compter en manœuvrant les boules par groupes de 5 à chaque rangée :

1° 1 fois 5 b., 5 b.; 2 fois 5 b., 10 b., etc.

Inversement, dans 10 b. il y a 2 fois 5 b., etc.

2° Même exercice sans énoncer le mot boule.

Calcul au tableau.

I.
> 1 fois 5 ...
> 2 fois 5 ...
> 3 fois 5 ..., etc.

L'exercice su, faire calculer directement et par renversement 1 fois 5, 5 fois 1, etc., puis par renversement seulement.

II.
> 5 fois ... 20
> 5 fois ... 30
> 5 fois ... 15, etc.

III. Faire compter au moins une fois ainsi : dans 15 il y a 3 fois 5, parce que 3 fois 5 font 15.

> Dans 15 il y a ... fois 5
> Dans 40   —   ... fois 5
> Dans 25   --   ... fois 5, etc.

IV. Faire calculer au moins une fois ainsi : le 5e de 15 est 3, parce que 5 fois 3 font 15.

Écrire les nombres 10, 20, 15, 40, 25, 35, 30, 45, et en faire calculer le 5e.

Questions et problèmes d'application. — Combien font 3 pièces de 5 fr.? 2, 8, 6, 4, 7, 9 pièces?

Combien faut-il de pièces de 5 fr. pour faire 25 fr., 35 fr., 10 fr., 20 fr., 15 fr., 40 fr., 30 fr., 45 fr.?

Un sou en bronze pèse 5 grammes. Combien pèsent 4 sous? 3, 5, 8, 2, 6, 9, 7 sous?

Combien de sous représente un poids de 10 grammes? de 20, de 5, de 15, de 40, de 25, de 30, de 45, de 35 grammes?

Mêmes questions avec la pièce de 1 fr. qui pèse aussi 5 grammes.

Quel est le 5e de 20 moutons, de 10 bœufs, de 15 veaux, de 35 vaches, de 30 chèvres, de 45 ânes, de 25 chevaux, de 40 poulains?

Cinq litres de liqueur coûtent 30 fr. Que coûte un litre? Combien coûteraient 3 litres? 8 litres?

Henri a 5 bons points; Emile en a 7 fois plus. Combien en a-t-il?

Louis a 40 bons points; Pierre en a 5 fois moins. Combien en a-t-il?

Un vigneron a récolté 40 hectolitres de vin; un autre n'en a récolté que le 5e. Combien a-t-il récolté d'hectolitres?

Un enfant porte 5 litres d'eau dans un seau. Combien de voyages fera-t-il pour remplir un tonneau de 25 litres?

J'ai reçu 6 fr., mais je n'ai que le 5e de ce qu'on me devait. Combien me devait-on?

Quel est le nombre que l'on doit multiplier par 5 pour avoir 35?

PAR 6.

Faire compter en manœuvrant les boules par groupes de 6 à chaque rangée :

1° 1 fois 6 b., 6 b.; 2 fois 6 b., 12 b., etc.

Inversement, dans 12 b. il y a 2 fois 6 b., etc.

2° Même exercice sans énoncer le mot boule.

Calcul au tableau.

I.   1 fois 6 ...
                        2 fois 6 ...
                        3 fois 6 ..., etc.

L'exercice su, faire compter directement et par renversement, 1 fois 6, 6 fois 1, etc., puis par renversement seulement.

II.   6 fois ... 30
                        6 fois ... 24
                        6 fois ... 12, etc.

III. Faire compter au moins une fois ainsi : dans 12 il y a 2 fois 6, parce que 2 fois 6 font 12.

                Dans 12 il y a ... fois 6
                Dans 30   —   ... fois 6
                Dans 18   —   ... fois 6, etc.

IV. Faire compter au moins une fois ainsi : le 6e de 18 est 3, parce que 3 fois 6 font 18.

Écrire les nombres 30, 12, 24, 36, 48, 18, 54, 42, et en faire calculer le 6e.

5.

Questions et problèmes d'application. — Combien font 4 fois 6 francs, 8 fois 6 mètres, 2 fois 6 kilog., 7 fois 6 litres, 3 fois 6 ares, 5 fois 6 stères, 9 fois 6 centimètres, 6 fois 6 centimes?

Pour 6 fr. on a un chapeau. Combien aurait-on de chapeaux pour 18 fr., 12 fr., 36 fr., 24 fr., 30 fr., 42 fr., 48 fr., 54 fr.?

Quel est le 6ᵉ de 24 mètres, de 18 francs, de 36 ares, de 48 litres, de 12 hectolitres, de 30 décalitres, de 54 hectares, de 42 stères?

Un ouvrier travaille 6 jours par semaine. Combien de jours travaillera-t-il en 4 semaines? 8, 7, 3 semaines?

Une pièce de toile a 48 mètres; on la partage en 6. Quelle est la longueur de chaque morceau?

Henriette a 6 ans; sa mère est 5 fois plus âgée. Quel est l'âge de sa mère?

Louise est 6 fois moins âgée que sa mère, qui a 42 ans. Quel est l'âge de Louise?

A 6 fr. pièce, que coûtent 5 chapeaux?

Pour 48 fr., combien aurait-on de sacs de pommes de terre si un sac coûte 6 fr.?

Combien faudrait-il faire de fois un voyage de 6 kilomètres pour avoir parcouru 24 kilomètres?

L'année dernière, un cultivateur a ensemencé 36 hectares d'orge. Cette année, il n'en a ensemencé que le 6ᵉ. Combien a-t-il ensemencé d'hectares?

Tous les 2 mois, je paye 9 fr. pour le 6ᵉ de mes impôts. Dites pour combien je paye d'impôts?

PAR 7.

Faire compter en manœuvrant les boules, par groupes de 7 à chaque rangée :

1º 1 fois 7 b., 7 b.; 2 fois 7 b., 14 b., etc.

Inversement, dans 14 b. il y a 2 fois 7 b., etc.

2º Même exercice sans énoncer le mot boule.

Calcul au tableau.

I.   1 fois 7 ...

                   2 fois 7 ...

                   3 fois 7 ..., etc.

L'exercice su, faire compter directement et par renversement 1 fois 7, 7 fois 1, etc., puis par renversement seulement.

II.   7 fois ... 21
                 7 fois ... 14
                 7 fois ... 28, etc.

III. Faire compter au moins une fois ainsi : dans 14 il y a 2 fois 7, parce que 2 fois 7 font 14.

           Dans 14 il y a ... fois 7
           Dans 28   —   ... fois 7
           Dans 35   —   ... fois 7, etc.

IV. Faire compter au moins une fois ainsi : le 7ᵉ de 21 est 3, parce que 3 fois 7 font 21.

Écrire au tableau les nombres 14, 42, 7, 28, 35, 63, 21, 56, 49, et en faire calculer le 7ᵉ.

Questions et problèmes d'application. — Combien y a-t-il de jours dans une semaine? dans 3, 5, 7, 2, 6, 4, 9, 8 semaines?

Combien de semaines font 7 jours? 14, 28, 35, 21, 63, 42, 56, 49 jours?

Quel est le 7ᵉ de 35 fr., de 21 centimètres, de 49 pièces de monnaie, de 56 litres de blé, de 14 hectolitres d'avoine, de 28 décalitres de son, de 42 centimes, de 63 grammes de café?

À 7 fr. la bouteille de vin de Champagne, combien coûteraient 5 bouteilles? 6, 8, 7, 4, 9, 3 bouteilles?

Quatre mètres de drap coûtent 28 fr. Que coûte un mètre? Que coûteraient 6, 3, 8, 7 mètres?

D'une somme de 35 fr. on fait 7 parts. Quelle est la valeur d'une part?

J'ai récolté 56 hectolitres de blé; mon voisin en a récolté le 7ᵉ. Combien a-t-il récolté d'hectolitres?

Je suis 7 fois moins âgé que mon père, qui a 56 ans. Quel est mon âge?

D'une somme de 35 fr. j'ai eu le 7ᵉ. Combien ai-je eu?

J'ai vendu 6 hectolitres de vin, mais ce n'est que le 7ᵉ de ce que j'ai récolté. Combien ai-je récolté d'hectolitres?

Un ouvrier gagne 5 fr. par jour. Combien gagne-t-il par semaine, si tous les jours sont comptés?

PAR 8.

Faire compter en manœuvrant les boules par groupes de 8 à chaque rangée :

1° 1 fois 8 b., 8 b.; 2 fois 8 b., 16 b., etc.

Inversement, dans 16 b. il y a 2 fois 8 b., etc.

2° Même exercice sans énoncer le mot boule.

Calcul au tableau.

I.
        1 fois 8 ...
        2 fois 8 ...
        3 fois 8 ..., etc.

L'exercice su, faire compter directement et par renversement 1 fois 8, 8 fois 1, etc., puis par renversement seulement.

II.
        8 fois ... 24
        8 fois ... 32
        8 fois ... 16, etc.

III. Faire compter au moins une fois ainsi : dans 40 il y a 5 fois 8, parce que 5 fois 8 font 40.

        Dans 40 il y a ... fois 8
        Dans 16   —   ... fois 8
        Dans 32   —   ... fois 8, etc.

IV. Faire compter au moins une fois ainsi : le 8e de 16 est 2, parce que 2 fois 8 font 16.

Écrire les nombres 16, 32, 40, 64, 8, 24, 48, 72, 56, et en faire calculer le 8e.

Questions et problèmes d'application. — Combien font 3 fois 8 mètres, 5 fois 8 pas, 4 fois 8 centimètres, 2 fois 8 hectares de bois, 7 fois 8 ares de pré, 4 fois 8 fagots, 6 fois 8 stères de bois, 8 fois 8 bourrées, 9 fois 8 litres de bière ?

Pour 8 fr. on a un chapeau. Combien aurait-on de chapeaux pour 24 fr., 16 fr., 40 fr., 32 fr., 64 fr., 56 fr., 72 fr., 48 fr.?

Quel est le 8e de 40 centimes, de 16 ares de vigne, de 32 hectares de pré, de 24 mètres de soie, de 56 mètres de mérinos, de 48 mètres de drap, de 72 mètres de dentelle, de 64 mètres de ruban?

Une maison consomme 8 litres de vin par jour. Combien en consomme-t-elle en une semaine?

Huit pains de sucre pèsent 48 kilog. Combien pèse un pain? Combien pèseraient 4 pains, 7 pains?

Huit ouvriers ont touché ensemble 40 fr. Quelle est la part de chacun?

J'ai 7 billes; Émile en a 8 fois plus que moi. Combien en a-t-il?

J'ai 72 billes; Jean en a 8 fois moins que moi. Combien en a-t-il?

Le 8ᵉ de l'âge de mon père est 5 ans. Quel est son âge?

Sur une somme de 40 fr. on m'a fait une remise de un 8ᵉ. Quelle est cette remise?

Trois oies valent 24 fr. Que vaut une oie? Que vaudraient 4 oies, une demi-douzaine d'oies?

PAR 9.

Faire compter en manœuvrant les boules par groupes de 9 à chaque rangée :

1° 1 fois 9 b., 9 b.; 2 fois 9 b., 18 b., etc.

Inversement, dans 18 b. il y a 2 fois 9 b., etc.

2° Même exercice sans énoncer le mot boule.

Calcul au tableau,

I.   1 fois 9 ...
             2 fois 9 ...
             3 fois 9 ..., etc.

L'exercice su, faire compter directement et par renversement 1 fois 9, 9 fois 1, etc., puis par renversement seulement.

II.   9 fois ... 18
             9 fois ... 36
             9 fois ... 54, etc.

III. Faire compter au moins une fois ainsi : dans 36 il y a 4 fois 9, parce que 4 fois 9 font 36.

         Dans 36 il y a ... fois 9
         Dans 54   —   ... fois 9, etc.

IV. Faire compter au moins une fois ainsi : le 9ᵉ de 18 est 2, parce que 2 fois 9 font 18.

Écrire les nombres 18, 36, 27, 9, 72, 45, 63, 54, 81 et en faire calculer le 9ᵉ.

Questions et problèmes d'application. — Sur une rangée, il y a 9 arbres. Combien y a-t-il d'arbres sur 4 rangées? sur 6, 8, 3, 9, 2, 5, 7 rangées?

Combien peut-on remplir de bonbonnes de 9 litres avec 18 litres d'huile? avec 27, 63, 45, 36, 54, 72, 81 litres?

Quel est le 9ᵉ de 27 mètres d'étoffe, de 18 moutons, de 72 francs, de 45 centimes, de 36 œufs, de 63 bourrées, de 36 minutes, de 54 francs, de 81 élèves, de 72 jours?

On gagne 9 fr. sur la vente d'un mouton. Combien gagnerait-on sur la vente de 2, de 4, de 8, de 7, de 5, de 9, de 6 moutons?

On a gagné 54 fr. sur la vente de 9 moutons. Combien a-t-on gagné par mouton?

Combien faudrait-il verser de seaux de 9 litres pour remplir un baquet de 72 litres?

Un cheval consomme 9 litres d'avoine par jour. Combien consommeraient 6 chevaux?

Un petit marchand a acheté 72 oranges, et il y en avait le 9ᵉ de gâtées. Combien y en avait-il de gâtées?

Le 9ᵉ d'un nombre est 4. Quel est ce nombre?

Cinq vases contiennent 45 litres. Combien contient un vase? Combien contiendraient 7 vases de même grandeur?

PAR 10.

Pour multiplier un nombre par 10, on considère les unités comme des dizaines.

Calcul au tableau.

I.   1 fois 10 ...
                      2 fois 10 ..., etc.,

avec un nombre indéterminé de fois 10.

Pour diviser un nombre par 10, on considère les dizaines comme des unités.

II.   Dans 20 il y a ... fois 10
             Dans 50   —   ... fois 10, etc.

III. Écrire au tableau une certaine quantité de nombres terminés par un ou plusieurs zéros et en faire calculer le 10e.

Questions et problèmes d'application. — Un objet coûte 10 fr. Combien coûtent 6, 9, 15, 27, 45, 138 de ces objets?

Un objet vaut 10 fr. Combien pourrait-on avoir de ces objets pour 30 fr., 50 fr., 80 fr., 100 fr., 160 fr., 240 fr.?

Quel est le 10e de 50 plumes, de 40 centimes, de 60 minutes, de 100 grammes de café, de 130 litres de vin, de 250 francs, de 370 kilomètres, de 880 mètres, de 910 noix?

Un train parcourt 100 lieues en 10 heures. Combien de lieues parcourt-il en une heure, en 8 heures, en 15 heures?

J'ai acheté des marchandises pour 600 fr.; on m'a fait une remise de un 10e. Quelle est cette remise?

Pour payer une dette, on donne 14 pièces de 10 fr. Quel est le montant de la dette?

Une pièce de 2 fr. pèse 10 grammes. Combien pèsent 4 pièces, 7 pièces, 10 pièces, 15 pièces, 46 pièces?

Combien faudrait-il de pièces de 2 fr. pour peser 10 grammes, 30 gr., 50 gr., 80 gr., 100 gr., 180 gr., 250 gr.?

Le 10e d'un nombre est 7. Quel est ce nombre?

Dix mètres de drap valent 80 fr. Que vaut un mètre?

Questions de système métrique.

1. Combien y a-t-il de mètres dans 1 décamètre, dans 5, 6, 8, 7, 2, 9 décamètres?

2. Combien y a-t-il d'hectomètres dans 1 kilom., dans 8, 4, 3, 12, 15 kilomètres?

3. Combien faut-il de millimètres pour faire 1 centim., 3, 5, 2, 9, 7 centimètres?

4. Combien faut-il de centimètres pour faire 1 décim., 4, 6, 8, 9, 7 décimètres?

5. Combien faut-il de kilomètres pour faire 1 myriam., 6, 7, 8, 15, 25 myriamètres?

6. Combien faut-il de décamètres pour faire 1 hectom., 3, 7, 6, 5, 12 hectomètres?

7. Combien faut-il de décimètres pour faire 1 mètre, 2, 4, 7, 9, 14 mètres?

8. Combien faut-il de litres pour faire 1 décalitre, 7, 5, 4, 8, 3, 9 décalitres?

9. Combien faut-il de décalitres pour faire 1 hectolitre, 2, 6, 7, 9, 14, 28 hectolitres?

10. Combien y a-t-il de centilitres dans 1 décilitre, 5, 4. 3, 7, 9 décilitres?

11. Combien y a-t-il de décilitres dans 1 litre, 4, 8, 9. 6, 7. 18 litres?

12. Combien faut-il de stères de bois pour faire 1 décastère, 4, 9, 7, 5, 8 décastères?

13. Combien y a-t-il de décistères de bois dans 1 stère, 4, 7, 9, 6, 12 stères?

14. Combien faut-il de grammes pour faire 1 décagr., 2. 4, 9, 7. 5, 8, 13 décagrammes?

15. Combien faut-il de décagrammes pour faire 1 hectogr., 3, 7, 6, 9, 17 hectogrammes?

16. Combien faut-il d'hectogrammes pour faire 1 kilogr.. 4, 6, 7, 8, 10, 25 kilogrammes?

17. Combien faut-il de kilogrammes pour faire 1 myriagr., 6, 8, 4, 5, 12 myriagrammes?

18. Combien y a-t-il de myriagrammes dans 1 quintal. 4. 7, 8, 11, 14 quintaux?

19. Combien y a-t-il de quintaux dans 1 tonne, 2, 5, 9, 12, 18 tonnes?

Reprendre toutes ces questions en sens inverse :

1. Combien y a-t-il de décamètres dans 10 mètres, dans 50, 60, 80, 70, 20, 90 mètres?

Etc., etc.

PAR 100.

Pour multiplier un nombre par 100, on considère les unités comme des centaines.

Pour diviser un nombre par 100, on considère les centaines comme des unités.

Calcul au tableau.

I.   2 fois 100 ...
                      3 fois 100 ..., etc.

II.   Dans   400 il y a ... fois 100
             Dans 1200   —   ... fois 100, etc.

III. Écrire une certaine quantité de nombres terminés par
2 zéros ou plus, et en faire calculer le 100ᵉ.

Questions et problèmes d'application. — Un are de terre vaut
100 fr. Combien valent 6 ares, 5, 4, 9, 12, 38 ares?

Un are de terre valant 100 fr., combien d'ares pourrait-on avoir
avec 200 fr., 800 fr., 1400 fr., 3400 fr.?

Quel est le 100ᵉ de 100 ares de terre, de 500 mètres, de 1000 fr.,
de 1400 kilog., de 1800 litres?

Cent litres de vin de Bordeaux valant 400 fr., combien vaut
1 litre?

La pièce de 1 fr. en argent pèse 5 grammes. Combien pèsent
100 fr. en argent?

J'ai envoyé 800 fr. en un mandat-poste; j'ai payé un centième
de droits. Combien ai-je payé? Combien payerait-on pour envoyer
600 fr., 1000 fr., 1500 fr.?

J'ai payé l'achat d'un pré avec 23 billets de 100 fr. Combien ce
pré me coûte-t-il?

Un employé gagne 100 fr. par mois. Combien gagne-t-il par an?
par trimestre? par semestre?

Un employé a reçu 500 fr. pour 5 mois. Combien gagne-t-il par
mois?

Questions de système métrique.

1. Combien y a-t-il de mètres dans 1 hectom., dans 6, 8, 15,
20 hectom.?

2. Combien y a-t-il de centimètres dans 1 mètre, dans 2, 4, 9, 7,
12, 18 mètres?

3. Combien y a-t-il de décamètres dans 1 kilom., dans 4, 7, 9,
11, 17 kilom.?

4. Combien y a-t-il d'hectom. dans 1 myriam., dans 3, 5, 8, 10,
16 myriam.?

5. Combien y a-t-il de litres dans 1 hectolitre, dans 2, 3, 7, 12,
18 hectol.?

6. Combien y a-t-il de centilitres dans 1 litre, dans 3, 4, 8, 13,
24 litres?

7. Combien y a-t-il de décilitres dans 1 décalitre, dans 5, 6, 8,
10, 16 décalitres?

8. Combien y a-t-il de centimes dans 1 franc, dans 4, 7, 8, 12, 15, 24 francs?

9. Combien y a-t-il de décistères dans 1 décastère, dans 3, 7, 9, 14 décastères?

10. Combien y a-t-il de grammes dans 1 hectog., dans 2, 4, 6, 10, 15 hectog.?

11. Combien y a-t-il de kilog. dans 1 quintal, dans 3, 7, 8, 11, 15 quintaux?

12. Combien y a-t-il de décag. dans 1 kilog., dans 4, 7, 6, 9, 13, 18 kilog.?

13. Combien y a-t-il de centig. dans 1 gramme, dans 5, 7, 8, 9, 15, 23 grammes?

14. Combien y a-t-il de décimètres carrés dans 1 mq., dans 3, 4, 7, 12, 17 mq.?

15. Combien y a-t-il de mq. dans 1 Dmq., dans 2, 6, 7, 9, 15 Dmq.?

16. Combien y a-t-il de cmq. dans 1 dmq., dans 3, 4, 7, 8, 16 dmq.?

17. Combien y a-t-il de Dmq. dans 1 Hmq., dans 2, 4, 5, 8, 18 Hmq.?

18. Combien faut-il d'ares pour faire 1 hectare, 4, 8, 6, 12, 18, 35 hectares?

19. Combien faut-il de centiares ou de mq. pour faire 1 are, 4, 8, 12, 16 ares?

Reprendre toutes ces questions en sens inverse :

1. Combien y a-t-il d'hectomètres dans 100 m., 600 m., 800 m., 1500 m., 2000 m.?

Etc., etc.

PAR 1000.

Pour multiplier un nombre par 1000, on considère les unités comme des mille.

Pour diviser un nombre par 1000, on considère les mille comme des unités.

Questions et problèmes d'application. — A 1000 fr. l'hectare de terre, combien coûtent 4 hectares, 8, 10, 15, 36 hectares?

Un hectare de terre coûte 1000 fr. Combien pourrait-on avoir d'hectares avec 5000 fr., 12000 fr., 15000 fr., 25000 fr.?

Combien pèsent 5 voitures de 1000 kilog. chacune?

Huit caisses contiennent 8000 bougies. Combien contient une caisse? Combien contiendraient 3, 5, 10, 12 caisses semblables?

On a acheté 1000 fusils Chassepot pour 25000 fr. A combien revient un fusil?

Un volume a 1000 pages. Combien de pages ont 3 volumes, 6, 10 volumes de même grosseur?

Une famille économise 1000 fr. par an. Combien économise-t-elle en 4 ans? en 10 ans? en 20 ans?

Je dois 5000 fr. Combien me faudra-t-il d'années pour m'acquitter, si je donne 1000 fr. par an?

Questions de système métrique.

1. Combien y a-t-il de mètres dans 1 kilom., dans 5, 6, 9, 15 kilom.?

2. Combien y a-t-il de millimètres dans 1 mètre, dans 3, 8, 10, 14 mètres?

3. Combien y a-t-il de grammes dans 1 kilog., 2, 3, 5, 7, 12, 15 kilog.?

4. Combien y a-t-il de kilog. dans 1 tonne, dans 5, 8, 3, 13, 17 tonnes?

5. Combien y a-t-il de millilitres dans 1 litre, dans 4, 7, 9, 12, 15 litres?

6. Combien y a-t-il de dmc. dans un mètre cube, dans 3, 5, 8, 10, 15, 30, 44 mc.?

7. Combien y a-t-il de cmc. dans un dmc., dans 2, 8, 5, 9, 12, 19 dmc.?

Reprendre toutes ces questions en sens inverse :

1. Combien y a-t-il de kilom. dans 1000 m., 5000 m., etc.?
Etc., etc.

REVISION (Multiplication).

Écrire au tableau les nombres

1, 2, 3, 4, 5, 6, 7, 8, 9, 10, 100, 1 000.

Il suffit de les montrer par groupes de 2 pour en faire opérer la multiplication.

QUESTIONS USUELLES.

Combien y a-t-il d'heures dans un jour?
—   —   de minutes dans une heure?
—   —   de secondes dans une minute?
—   —   de jours dans une semaine?
—   —   de jours dans un mois?

Quel est le mois qui a 28 ou 29 jours? Quels sont ceux qui ont 30 jours? Ceux qui ont 31 jours?

Combien y a-t-il de mois dans un an?
—   —   de jours dans un an?
—   —   de semaines dans un an?
—   —   de saisons dans un an?

Qu'est-ce qu'un semestre?

Combien y a-t-il de semestres dans un an?

Qu'est-ce qu'un trimestre?

Combien y a-t-il de trimestres dans un an? dans un semestre?

Qu'est-ce qu'une paire de dindons? une douzaine d'œufs? un quarteron de pommes?

Combien y a-t-il de quarterons dans un cent?

Qu'est-ce qu'une grosse de crayons? une demi-grosse?

Combien y a-t-il de feuilles de papier dans une main? (25.)

Combien y a-t-il de mains de papier dans une rame? (20.)

Qu'est-ce que le double de 3 bons points? le triple de 4 billes? le quadruple de 6 sous? le quintuple de 3 pommes? le décuple de 3 hectolitres de blé? le centuple de 6 grains?

CHAPITRE VII

CALCUL PAR DES NOMBRES SUPÉRIEURS A 10

I. *Addition et soustraction.*

1° Par les 9 premiers nombres.
(Revision et suite jusqu'à 500 ou 1000.)

Écrire les 9 premiers nombres au tableau. Il suffit de les montrer sans ordre pour les faire ajouter les uns aux autres, jusqu'à 500 ou 1000; ou, partant de 500, par exemple, il suffit de les montrer de même pour les faire retrancher successivement.

2° Par un nombre exact de dizaines, le premier nombre étant un nombre exact de dizaines.

Exemples.

140 et 50	140 — 50
14 et 5, 19; 190	14 — 5, 9; 90.

RÈGLE. — Ajouter les dizaines du 2° nombre à celles du 1er, ou inversement.

Écrire au tableau les nombres 10, 20, 30, 40, 50, 60, 70, 80, 90.

Il suffit de les montrer sans ordre pour les faire ajouter les uns aux autres jusqu'à la limite voulue.

Ou, partant de cette limite, opérer de même pour les faire retrancher successivement.

3° Par un nombre exact de dizaines, le premier nombre étant quelconque.

Exemples.

143 et 50	143 — 50
14 et 5, 19; 193	14 — 5, 9; 93.

RÈGLE. — Ajouter les dizaines du 2° nombre à celles du 1er, ou inversement, et rétablir les unités.

Exercices d'application. — (Nous donnons, à partir de ce moment, toutes les réponses aux questions posées). Les questions seront écrites au tableau ou énoncées oralement.

I.	48 et 30 = 78	31 et 70 = 101	118 et 40 = 158
	55 et 20 = 75	29 et 60 = 89	131 et 60 = 191

73 et 50 = 123	87 et 80 = 167	127 et 90 = 217
86 et 60 = 146	92 et 50 = 112	143 et 80 = 223
77 et 40 = 117	115 et 20 = 135	156 et 30 = 187
115 et 20 = 135	136 et 40 = 176	142 et 60 = 202
212 et 80 = 292	183 et 30 = 213	195 et 50 = 215
168 et 70 = 238	175 et 90 = 265	203 et 30 = 233
218 et 50 = 268	246 et 70 = 316	256 et 40 = 296
269 et 90 = 359	278 et 20 = 298	308 et 60 = 368
316 et 80 = 396	333 et 50 = 383	341 et 80 = 421
354 et 20 = 374	368 et 60 = 428	373 et 70 = 443
385 et 30 = 415	397 et 50 = 447	406 et 90 = 496
418 et 40 = 458	428 et 30 = 458	437 et 40 = 477
526 et 60 = 586	636 et 70 = 706	754 et 80 = 834

II. 55 — 20 = 35	64 — 30 = 34	75 — 20 = 55
84 — 60 = 24	95 — 80 = 15	97 — 50 = 47
115 — 40 = 75	122 — 70 = 52	128 — 40 = 88
134 — 30 = 104	141 — 60 = 81	152 — 80 = 72
163 — 20 = 143	184 — 40 = 144	195 — 50 = 145
176 — 90 = 86	188 — 80 = 108	205 — 90 = 115
217 — 70 = 147	228 — 60 = 168	236 — 70 = 166
249 — 20 = 229	258 — 30 = 228	267 — 90 = 177
276 — 80 = 196	285 — 70 = 215	294 — 60 = 234
313 — 50 = 263	322 — 40 = 282	331 — 30 = 301
369 — 20 = 349	378 — 30 = 348	387 — 40 = 347
396 — 60 = 336	405 — 50 = 355	424 — 70 = 354
433 — 80 = 353	452 — 90 = 362	471 — 60 = 411
528 — 40 = 488	526 — 30 = 496	567 — 50 = 517
625 — 70 = 555	734 — 68 = 666	875 — 80 = 795

4° Par **un** nombre quelconque inférieur à 100.

Exemples.

156 et 38   125 — 38

156 et 30, 186; et 8, 194   125 — 30, 95; moins 8, 87.

RÈGLE. — Ajouter les dizaines du 2° nombre au 1er, puis les unités, ou inversement.

REMARQUE. — Lorsque l'un des nombres est terminé par 9, 8 ou 7, on peut, pour l'addition, ajouter la dizaine et retrancher 1, 2 ou 3; pour la soustraction, retrancher la dizaine entière et ajouter 1, 2 ou 3.

Exemples.

43 et 59   87 — 39
43 et 60, 103; moins 1, 102   87 — 40, 47; plus 1, 48.

Exercices d'application.

I. 78 et 11 = 89	125 et 12 = 137	149 et 13 = 162
275 et 14 = 289	243 et 15 = 258	332 et 16 = 348
374 et 17 = 391	456 et 18 = 474	591 et 19 = 610
235 et 21 = 256	174 et 22 = 196	392 et 23 = 415
406 et 24 = 430	91 et 25 = 116	458 et 26 = 484
527 et 27 = 554	835 et 28 = 863	369 et 29 = 398
368 et 31 = 399	172 et 32 = 204	85 et 33 = 118
55 et 34 = 89	96 et 35 = 131	71 et 36 = 107
531 et 37 = 568	78 et 38 = 116	835 et 39 = 874
631 et 41 = 672	236 et 42 = 278	126 et 43 = 169
78 et 44 = 122	165 et 45 = 210	535 et 46 = 581
442 et 47 = 489	47 et 48 = 95	464 et 49 = 513
545 et 51 = 596	184 et 52 = 236	437 et 53 = 490
127 et 54 = 181	239 et 55 = 294	474 et 56 = 530
75 et 57 = 132	152 et 58 = 210	571 et 59 = 630
472 et 61 = 533	325 et 62 = 387	272 et 63 = 335
236 et 64 = 300	428 et 65 = 493	346 et 66 = 412
129 et 67 = 196	374 et 68 = 442	268 et 69 = 337
127 et 71 = 198	479 et 72 = 551	329 et 73 = 402
451 et 74 = 525	337 et 75 = 412	257 et 76 = 333
348 et 77 = 425	527 et 78 = 605	449 et 79 = 528
353 et 81 = 434	358 et 82 = 440	254 et 83 = 337
582 et 84 = 666	514 et 85 = 599	118 et 86 = 204
486 et 87 = 573	639 et 88 = 727	372 et 89 = 461
466 et 91 = 557	587 et 92 = 679	563 et 93 = 656
609 et 94 = 703	662 et 95 = 757	339 et 96 = 435
575 et 97 = 672	725 et 98 = 823	96 et 99 = 195
II. 48 — 11 = 37	366 — 12 = 354	72 — 13 = 59
132 — 14 = 118	37 — 15 = 22	29 — 16 = 13
36 — 17 = 19	243 — 18 = 225	298 — 19 = 279
204 — 21 = 183	173 — 22 = 151	37 — 23 = 14

47 — 24 = 23	48 — 25 = 23	129 — 26 = 103
315 — 27 = 288	375 — 28 = 347	437 — 29 = 408
251 — 31 = 220	254 — 32 = 222	48 — 33 = 15
68 — 34 = 34	72 — 35 = 37	269 — 36 = 233
216 — 37 = 179	184 — 38 = 146	408 — 39 = 369
148 — 41 = 107	381 — 42 = 339	96 — 43 = 53
318 — 44 = 274	82 — 45 = 37	157 — 46 = 111
75 — 47 = 28	265 — 48 = 217	329 — 49 = 280
218 — 51 = 167	317 — 52 = 265	89 — 53 = 36
322 — 54 = 268	96 — 55 = 41	246 — 56 = 190
81 — 57 = 24	162 — 58 = 104	276 — 59 = 217
333 — 61 = 272	195 — 62 = 133	147 — 63 = 81
151 — 64 = 87	276 — 65 = 211	98 — 66 = 32
221 — 67 = 154	371 — 68 = 303	227 — 69 = 158
425 — 71 = 354	99 — 72 = 27	515 — 73 = 442
91 — 74 = 17	456 — 75 = 381	164 — 76 = 88
348 — 77 = 271	287 — 78 = 209	386 — 79 = 307
476 — 81 = 395	538 — 82 = 456	272 — 83 = 189
162 — 84 = 78	128 — 85 = 43	709 — 86 = 623
232 — 87 = 145	467 — 88 = 379	177 — 89 = 88
357 — 91 = 266	215 — 92 = 123	342 — 93 = 249
458 — 94 = 364	132 — 95 = 37	568 — 96 = 472
503 — 97 = 406	372 — 98 = 274	189 — 99 = 90

REMARQUE. — Les calculs qui paraissent trop difficiles peuvent être négligés ou remplacés par des calculs analogues avec des combinaisons plus simples, au gré des maîtres. Dans tous les cas, il sera bon de les faire décomposer.

5° Par un nombre exact de centaines, le premier nombre étant un nombre exact de centaines.

Exemples.

800 + 400	900 — 400
8 et 4, 12; 1200	9 — 4, 5; 500.

RÈGLE. — Ajouter les centaines du 2ᵉ nombre à celles du 1ᵉʳ ou inversement.

Exercices d'application.

I.

400 et	500 =	900	300 et	700 =	1000	800 et	400 =	1200
900 et	600 =	1500	200 et	900 =	1100	500 et	600 =	1100
1500 et	400 =	1900	1300 et	400 =	1700	1700 et	600 =	2300
2100 et	500 =	2600	2800 et	300 =	3100	2600 et	900 =	3500
3200 et	600 =	3800	3500 et	600 =	4100	3900 et	700 =	4600
4300 et	800 =	5100	4600 et	500 =	5100	4700 et	800 =	5500
1400 et	1200 =	2600	1100 et	1300 =	2400	1200 et	1700 =	2900
1500 et	1400 =	2900	1600 et	1700 =	3300	1400 et	1800 =	3200
2400 et	1200 =	3600	2700 et	1500 =	4200	2600 et	1200 =	3800
3100 et	1700 =	4800	3200 et	1600 =	4800	3700 et	1100 =	4800
4300 et	1700 =	6000	4800 et	2100 =	7200	4600 et	2300 =	6900
5400 et	3200 =	8600	5300 et	2500 =	7800	6400 et	3200 =	9600

II.

800 —	300 =	500	700 —	500 =	200	900 —	200 =	700
800 —	400 =	400	900 —	600 =	300	1000 —	600 =	400
1500 —	400 =	1100	1600 —	800 =	800	1700 —	300 =	1400
1800 —	600 =	1200	1900 —	700 =	1200	2000 —	800 =	1200
2400 —	500 =	1900	2900 —	400 =	2500	3500 —	900 =	2600
3600 —	700 =	2900	4200 —	600 =	3600	4400 —	700 =	3700
1700 —	1200 =	500	1900 —	1300 =	600	2100 —	1400 =	700
2800 —	1500 =	1300	2200 —	400 =	1800	2500 —	1300 =	1200
3000 —	1200 =	1800	3500 —	1100 =	2400	3100 —	1500 =	1600
3700 —	1500 =	2200	3900 —	1900 =	2000	4000 —	1500 =	2500
4200 —	1800 =	2400	4400 —	1600 =	2800	4500 —	2100 =	2400
4600 —	2300 =	2300	4700 —	2200 =	2500	4800 —	1700 =	3100
5200 —	3200 =	2000	5600 —	3000 =	2600	5900 —	3500 =	2400

6° Par un nombre exact de centaines, le premier nombre étant quelconque.

Exemples.

$$863 + 500 \qquad\qquad 863 - 500$$
$$8 \text{ et } 5,\ 13;\ 1\,363 \qquad\qquad 8 - 5,\ 3;\ 363.$$

RÈGLE. — Ajouter les centaines du 2° nombre à celles du 1ᵉʳ ou inversement, et rétablir les unités.

6.

Exercices d'application.

I.

160 et 400 = 560	450 et 200 = 650	630 et 700 = 1330
240 et 600 = 840	780 et 500 = 1280	670 et 800 = 1470
290 et 900 = 1190	530 et 200 = 730	1280 et 400 = 1680
1570 et 300 = 1870	1880 et 700 = 2580	2420 et 800 = 3220
2190 et 500 = 2690	3830 et 600 = 4430	4280 et 900 = 5180
158 et 200 = 358	175 et 300 = 475	217 et 400 = 617
252 et 500 = 752	276 et 600 = 876	308 et 700 = 1008
325 et 800 = 1125	349 et 800 = 1149	372 et 900 = 1272
275 et 300 = 575	641 et 800 = 1441	1564 et 200 = 1764
349 et 900 = 1249	975 et 700 = 1675	1832 et 400 = 2232
556 et 500 = 1056	1243 et 600 = 1843	2543 et 800 = 3343
732 et 900 = 1632	1458 et 500 = 1958	3815 et 700 = 4515

II.

630 — 200 = 430	750 — 400 = 350	870 — 600 = 270
990 — 800 = 190	640 — 100 = 510	880 — 300 = 580
720 — 500 = 220	1050 — 700 = 350	1130 — 900 = 230
1270 — 400 = 870	1380 — 300 = 1080	1490 — 700 = 790
1560 — 600 = 960	1650 — 200 = 1450	1740 — 900 = 840
1820 — 800 = 1020	1910 — 300 = 1610	745 — 600 = 145
875 — 400 = 475	937 — 200 = 737	1228 — 700 = 528
1354 — 500 = 854	1469 — 300 = 1169	1578 — 900 = 678
1872 — 300 = 1572	1908 — 900 = 1008	2543 — 600 = 1943
2015 — 400 = 1615	2647 — 700 = 1947	2945 — 200 = 2745
3084 — 500 = 2584	3271 — 800 = 2471	3541 — 400 = 3141
3827 — 800 = 3027	4519 — 500 = 4019	5368 — 900 = 4468

7° Par un nombre quelconque entre 100 et 1 000.

Exemples.

$$1845 + 432 \qquad\qquad 1845 - 432$$

1° 1845 + 400 = 2245   1° 1845 — 400 = 1445

2° 2245 et 32 = 2277   2° 1445 — 32 = 1413.

RÈGLE. — Ajouter au 1er nombre les centaines, puis les unités du 2e, ou inversement.

Exercices d'application.

I.

443 et 120 = 563	318 et 150 = 468	635 et 180 = 815
334 et 210 = 544	457 et 210 = 697	748 et 260 = 1008
512 et 370 = 882	129 et 330 = 459	591 et 390 = 981
865 et 430 = 1295	536 et 470 = 1006	293 et 480 = 773
176 et 510 = 686	375 et 550 = 925	706 et 570 = 1276
856 et 620 = 1476	1053 et 650 = 1703	1265 et 680 = 1945
721 et 730 = 1451	1176 et 770 = 1946	1347 et 760 = 2107
632 et 840 = 1472	1293 et 890 = 2183	1415 et 810 = 2225
945 et 920 = 1865	1354 et 950 = 2304	1618 et 980 = 2598
1063 et 111 = 1174	513 et 123 = 636	155 et 135 = 290
997 et 149 = 1146	324 et 156 = 480	273 et 168 = 441
835 et 172 = 1007	635 et 184 = 819	316 et 197 = 513
643 et 204 = 817	246 et 225 = 471	457 et 236 = 693
555 et 243 = 798	357 et 259 = 616	568 et 267 = 835
478 et 278 = 756	768 et 282 = 1050	677 et 291 = 968
317 et 309 = 626	979 et 317 = 1296	708 et 328 = 1036
215 et 337 = 552	881 et 346 = 1227	885 et 355 = 1240
168 et 364 = 532	992 et 373 = 1365	937 et 382 = 1319
442 et 412 = 854	322 et 424 = 746	515 et 436 = 951
654 et 448 = 1102	198 et 451 = 649	725 et 463 = 1188
713 et 475 = 1188	267 et 487 = 754	804 et 499 = 1303
845 et 506 = 1351	475 et 522 = 997	935 et 533 = 1468
672 et 544 = 1216	539 et 555 = 1094	741 et 566 = 1307
719 et 577 = 1296	666 et 588 = 1254	852 et 599 = 1451
524 et 612 = 1136	907 et 635 = 1542	903 et 657 = 1560
637 et 573 = 1210	815 et 696 = 1511	755 et 705 = 1460
172 et 724 = 896	619 et 748 = 1367	648 et 767 = 1415
243 et 785 = 1028	705 et 817 = 1522	319 et 846 = 1165
315 et 877 = 1192	963 et 861 = 1824	916 et 904 = 1820
891 et 933 = 1821	881 et 962 = 1843	893 et 978 = 1871

II.

436 — 120 = 316	645 — 140 = 505	735 — 169 = 566
515 — 180 = 335	706 — 110 = 596	886 — 130 = 756
275 — 150 = 125	828 — 170 = 658	975 — 190 = 785
472 — 230 = 242	473 — 250 = 223	727 — 270 = 457
542 — 320 = 222	716 — 340 = 376	943 — 360 = 583
637 — 410 = 227	836 — 490 = 346	1025 — 450 = 575
708 — 530 = 178	954 — 570 = 384	1137 — 560 = 577
845 — 640 = 205	1045 — 680 = 365	1248 — 650 = 598
613 — 450 = 163	1266 — 770 = 496	1359 — 780 = 579

$$1082 - 830 = 252 \qquad 1372 - 850 = 522 \qquad 1466 - 890 = 576$$
$$1275 - 910 = 365 \qquad 1585 - 940 = 645 \qquad 1578 - 960 = 618$$
$$543 - 112 = 431 \qquad 415 - 123 = 322 \qquad 308 - 135 = 173$$
$$178 - 163 = 15 \qquad 566 - 171 = 395 \qquad 416 - 182 = 234$$
$$275 - 208 = 67 \qquad 736 - 235 = 501 \qquad 535 - 266 = 269$$
$$318 - 282 = 36 \qquad 812 - 303 = 539 \qquad 671 - 331 = 340$$
$$455 - 345 = 110 \qquad 488 - 371 = 117 \qquad 742 - 402 = 340$$
$$666 - 415 = 251 \qquad 604 - 438 = 166 \qquad 886 - 466 = 420$$
$$737 - 507 = 230 \qquad 925 - 526 = 399 \qquad 967 - 542 = 425$$
$$813 - 613 = 200 \qquad 1048 - 648 = 400 \qquad 812 - 665 = 147$$
$$1045 - 745 = 300 \qquad 1250 - 712 = 538 \qquad 1075 - 752 = 323$$
$$1186 - 819 = 367 \qquad 1350 - 851 = 499 \qquad 1243 - 892 = 351$$
$$1284 - 906 = 378 \qquad 1780 - 934 = 846 \qquad 1575 - 956 = 619$$

8° Avec nombres décimaux.

Exemples.

3 fr. 15 + 2 fr. 50   **3 fr. 15 — 2 fr. 50.**
315 et 250 = 565; 5 fr. 65   315 — 250 = 65; 0 fr. 65.

RÈGLE. — Opérer comme pour des nombres entiers et tenir compte des décimales.

REMARQUE. — Il peut souvent être avantageux de réunir ou de retrancher séparément les entiers et les décimales ou réciproquement.

Exercices d'application.

I. 2^f et $1^f,40 = 3^f,40$ 3^f et $5^f,20 = 8^f,20$
$5^f,60$ et $6^f = 11^f,60$ 12^f et $4^f,85 = 16^f,85$
$15^f,60$ et $13^f = 28^f,60$ 14^f et $17^f,15 = 31^f,15$
$13^f,40$ et $25^f = 38^f,40$ 18^f et $21^f,80 = 39^f,80$
13^f et $24^f,35 = 37^f,35$ $28^f,60$ et $14^f = 42^f,60$
17^f et $31^f,65 = 48^f,65$ $25^f,85$ et $36^f = 61^f,85$
$35^f,40$ et $18^f = 53^f,40$ 36^f et $75^f,70 = 111^f,70$
45^f et $35^f,95 = 80^f,95$ $0^f,15$ et $0^f,25 = 0^f,40$
$0^f,35$ et $0^f,20 = 0^f,55$ $0^f,45$ et $0^f,55 = 1^f$
$0^f,65$ et $0^f,40 = 1^f,05$ $0^f,75$ et $0^f,50 = 1^f,25$

0f,85 et 0f,70 = 1f,55	0f,85 et 0f,65 = 1f,50
0f,95 et 0f,55 = 1f,50	0f,50 et 0f,85 = 1f,35
1f,20 et 2f,40 = 3f,60	2f,50 et 3f,80 = 6f,30
5f,40 et 4f,35 = 9f,75	6f,15 et 7f,60 = 13f75
7f,30 et 5f,70 = 13f	6f,60 et 8f,80 = 15f,40
10f,50 et 7f,35 = 17f,85	12f,20 et 13f,50 = 25f,70
15f,45 et 8f,60 = 24f,05	17f,65 et 8f,50 = 26f,15
15f,80 et 8f,60 = 24f,40	18f,35 et 9f,75 = 28f,10
25f,50 et 10f,40 = 35f,90	18f,20 et 12f,75 = 30f,95
35f,10 et 15f,65 = 50f,75	42f,30 et 15f,70 = 58f
45f,50 et 24f,60 = 70f,10	52f,80 et 12f,80 = 65f,60
55f,75 et 6f,80 = 62f,55	64f,35 et 15f,65 = 80f
65f,70 et 15f,40 = 81f,10	70f,35 et 20f,25 = 90f,60
75f,10 et 30f,55 = 105f,65	78f,40 et 35f,50 = 113f,90
125f,50 et 20f,80 = 146f,30	130f,90 et 40f,40 = 171f,30
150f,60 et 45f,60 = 196f,20	

II. 4f,50 — 2f = 2f,50	8f,30 — 4f = 4f,30
12f,75 — 5f = 7f,75	28f,60 — 14f = 14f,60
34f,95 — 11f = 23f,95	46f,85 — 20f = 26f,85
52f,80 — 40f = 12f,80	56f,55 — 15f = 41f,55
60f,60 — 25f = 35f,60	72f,20 — 36f = 36f,20
84f,10 — 28f = 56f,10	90f,30 — 40f = 50f,30
120f,50 — 45f = 75f,50	130f,65 — 50f = 80f,65
150f,90 — 110f = 40f,90	0f,45 — 0f,15 = 0f,30
0f,55 — 0f,25 = 0f,30	0f,70 — 0f,45 = 0f,25
0f,80 — 0f,35 = 0f,45	0f,75 — 0f,55 = 0f,20
0f,95 — 0f,65 = 0f,30	1f,05 — 0f,70 = 0f,35
1f,20 — 0f,60 = 0f,60	1f,35 — 0f,55 = 0f,80
1f,40 — 0f,80 = 0f,60	1f,45 — 0f,55 = 0f,90
1f,60 — 0f,80 = 0f,80	1f,65 — 0f,90 = 0f,75
1f,70 — 0f,95 = 0f,75	1f,80 — 0f,90 = 0f,90
1f,70 — 1f,05 = 0f,65	2f,20 — 1f,50 = 0f,70
3f,50 — 1f,60 = 1f,90	4f,80 — 2f,35 = 2f,45
5f,35 — 4f,10 = 1f,25	6f,70 — 2f,80 = 3f,90
10f,60 — 4f,80 = 5f,80	12f,50 — 5f,70 = 6f,80
15f,30 — 5f,60 = 9f,70	18f,40 — 10f,50 = 7f,90
20f,80 — 12f,20 = 8f,60	25f,75 — 15f,25 = 10f,50
28f,60 — 20f,80 = 7f,80	30f,90 — 17f,30 = 13f,60
35f,60 — 21f,75 = 13f,85	40f,20 — 21f,50 = 15f,70
42f,40 — 26f,50 = 15f,90	47f,65 — 13f,25 = 34f,40
50f,50 — 30f,80 = 19f,70	55f,20 — 35f,10 = 20f,10
60f,80 — 35f,45 = 25f,35	

II. *Multiplication.*

1° Un nombre exact de dizaines
par l'un des 9 premiers nombres ou réciproquement.

Exemples.

40 × 5   6 × 80
5 fois 4, 20; 200   6 fois 8, 48; 480.

RÈGLE. — Multiplier les dizaines par le nombre
ou réciproquement et le résultat par 10.

Exercices d'application.

40 × 5 = 200	40 × 6 = 240	40 × 2 = 80
50 × 9 = 450	60 × 5 = 300	70 × 8 = 560
30 × 3 = 90	20 × 4 = 80	90 × 7 = 630
50 × 2 = 100	40 × 4 = 160	80 × 6 = 480
60 × 8 = 480	90 × 3 = 270	70 × 5 = 350
30 × 7 = 210	80 × 9 = 720	50 × 8 = 400
70 × 2 = 140	70 × 6 = 420	80 × 4 = 320
60 × 9 = 540	60 × 3 = 180	70 × 7 = 490
90 × 5 = 450	50 × 6 = 300	80 × 8 = 640
50 × 7 = 350	90 × 9 = 810	50 × 5 = 250

2° Un nombre inférieur à 100
par l'un des 9 premiers nombres.

Exemple.

37 × 4 ou 4 × 37
1° 4 fois 30, 120
2° 4 fois 7, 28
3° 120 et 28, 148

RÈGLE. — Multiplier les dizaines, puis les unités, et réunir les résultats.

Exercices d'application.

$16 \times 2 = 32$	$25 \times 2 = 50$	$36 \times 2 = 72$
$49 \times 2 = 98$	$51 \times 2 = 102$	$63 \times 2 = 126$
$72 \times 2 = 144$	$88 \times 2 = 176$	$94 \times 2 = 188$
$17 \times 3 = 51$	$21 \times 3 = 63$	$32 \times 3 = 96$
$43 \times 3 = 129$	$54 \times 3 = 162$	$69 \times 3 = 207$
$78 \times 3 = 234$	$87 \times 3 = 261$	$96 \times 3 = 288$
$12 \times 4 = 48$	$26 \times 4 = 104$	$38 \times 4 = 152$
$44 \times 4 = 176$	$53 \times 4 = 212$	$69 \times 4 = 276$
$77 \times 4 = 308$	$85 \times 4 = 340$	$91 \times 4 = 364$
$19 \times 5 = 95$	$28 \times 5 = 140$	$37 \times 5 = 185$
$46 \times 5 = 230$	$55 \times 5 = 275$	$64 \times 5 = 320$
$71 \times 5 = 355$	$83 \times 5 = 415$	$92 \times 5 = 460$
$13 \times 6 = 78$	$25 \times 6 = 150$	$37 \times 6 = 222$
$49 \times 6 = 294$	$58 \times 6 = 348$	$62 \times 6 = 372$
$74 \times 6 = 444$	$86 \times 6 = 516$	$93 \times 6 = 558$
$15 \times 7 = 105$	$27 \times 7 = 189$	$39 \times 7 = 273$
$41 \times 7 = 287$	$53 \times 7 = 371$	$62 \times 7 = 434$
$76 \times 7 = 532$	$86 \times 7 = 602$	$98 \times 7 = 686$
$14 \times 8 = 112$	$29 \times 8 = 232$	$38 \times 8 = 304$
$45 \times 8 = 360$	$52 \times 8 = 416$	$61 \times 8 = 488$
$75 \times 8 = 600$	$87 \times 8 = 696$	$94 \times 8 = 752$
$11 \times 9 = 99$	$28 \times 9 = 252$	$62 \times 9 = 558$
$43 \times 9 = 387$	$99 \times 9 = 891$	$87 \times 9 = 783$
$56 \times 9 = 504$	$35 \times 9 = 315$	$71 \times 9 = 639$

CAS PARTICULIERS. — 1° Lorsque le nombre supérieur à 10 est terminé par 9 ou par 8, on peut multiplier par la dizaine entière et retrancher 1 fois ou 2 fois le 2ᵉ nombre.

Exemple.

$$48 \times 6 \text{ ou } 6 \times 48$$

6 fois 50, 300; 300 — 2 fois 6 ou 12, 288

Exercices d'application.

$19 \times 2 = 38$	$29 \times 4 = 116$	$39 \times 2 = 78$
$18 \times 3 = 54$	$28 \times 5 = 140$	$38 \times 3 = 114$
$49 \times 4 = 196$	$59 \times 2 = 118$	$69 \times 4 = 276$
$48 \times 5 = 240$	$58 \times 3 = 174$	$68 \times 5 = 340$
$79 \times 2 = 158$	$89 \times 4 = 356$	$99 \times 2 = 198$
$78 \times 3 = 234$	$88 \times 5 = 440$	$98 \times 3 = 294$
$19 \times 6 = 114$	$29 \times 7 = 203$	$39 \times 9 = 351$
$18 \times 8 = 144$	$28 \times 6 = 168$	$38 \times 6 = 228$
$49 \times 7 = 343$	$59 \times 7 = 413$	$69 \times 8 = 552$
$48 \times 9 = 432$	$58 \times 9 = 522$	$68 \times 7 = 476$
$79 \times 6 = 474$	$89 \times 6 = 534$	$99 \times 6 = 594$
$78 \times 9 = 702$	$88 \times 7 = 616$	$98 \times 8 = 784$

2° Pour multiplier par 5 on peut prendre la moitié et multiplier par 10.

Exemple.

$$48 \times 5.$$

La moitié de 48 est 24 ; 240.

Exercices d'application.

$12 \times 5 = 60$	$18 \times 5 = 90$	$14 \times 5 = 70$
$26 \times 5 = 130$	$22 \times 5 = 110$	$28 \times 5 = 140$
$34 \times 5 = 170$	$36 \times 5 = 180$	$32 \times 5 = 160$
$48 \times 5 = 240$	$42 \times 5 = 210$	$44 \times 5 = 220$
$52 \times 5 = 260$	$56 \times 5 = 280$	$64 \times 5 = 320$
$68 \times 5 = 340$	$74 \times 5 = 370$	$88 \times 5 = 440$
$120 \times 5 = 600$	$180 \times 5 = 900$	$160 \times 5 = 800$
$240 \times 5 = 1200$	$280 \times 5 = 1400$	$460 \times 5 = 2300$
$108 \times 5 = 540$	$124 \times 5 = 620$	$166 \times 5 = 830$

3° **Un nombre inférieur à 100
par un nombre exact de dizaines et réciproquement.**

Exemple.

$$68 \times 40 \text{ ou } 40 \times 68$$
4 fois 68, 272 ; 2720.

RÈGLE. — Multiplier par le chiffre des dizaines, puis par 10.

Exercices d'application.

$35 \times 20 = 700$	$56 \times 20 = 1120$	$47 \times 20 = 940$
$74 \times 20 = 1480$	$28 \times 20 = 560$	$39 \times 20 = 780$
$22 \times 30 = 660$	$31 \times 30 = 930$	$92 \times 30 = 2760$
$48 \times 30 = 1440$	$87 \times 30 = 2610$	$53 \times 30 = 1590$
$65 \times 40 = 2600$	$74 \times 40 = 2960$	$98 \times 40 = 3920$
$16 \times 40 = 640$	$82 \times 40 = 3280$	$28 \times 40 = 1120$
$71 \times 50 = 3550$	$34 \times 50 = 1700$	$61 \times 50 = 3050$
$58 \times 50 = 2900$	$19 \times 50 = 950$	$21 \times 50 = 1050$
$32 \times 60 = 1920$	$43 \times 60 = 2580$	$54 \times 60 = 3240$
$65 \times 60 = 3900$	$76 \times 70 = 5320$	$87 \times 60 = 5220$
$93 \times 70 = 6510$	$33 \times 70 = 2310$	$44 \times 70 = 3080$
$19 \times 70 = 1330$	$55 \times 70 = 3850$	$66 \times 70 = 4620$
$27 \times 80 = 2160$	$73 \times 80 = 5840$	$95 \times 80 = 7600$
$58 \times 80 = 4640$	$49 \times 80 = 3920$	$37 \times 80 = 2960$
$18 \times 90 = 1620$	$45 \times 90 = 4050$	$69 \times 90 = 6210$
$71 \times 90 = 6390$	$37 \times 90 = 3330$	$77 \times 90 = 6930$

CAS PARTICULIER. — Pour multiplier par 50, on prend la moitié et on multiplie par 100.

Exemple.

$$48 \times 50 \text{ ou } 50 \times 48.$$

La moitié de 48 est 24, 2 400.

Exercices d'application.

$18 \times 50 = 900$	$32 \times 50 = 1600$	$68 \times 50 = 3400$
$24 \times 50 = 1200$	$44 \times 50 = 2200$	$88 \times 50 = 4400$
$16 \times 50 = 800$	$28 \times 50 = 1400$	$112 \times 50 = 5600$
$130 \times 50 = 6500$	$140 \times 50 = 7000$	$160 \times 50 = 8000$
$124 \times 50 = 6200$	$108 \times 50 = 5400$	$170 \times 50 = 8500$
$280 \times 50 = 14000$	$460 \times 50 = 23000$	$840 \times 50 = 42000$

4° Un nombre inférieur à 100
par un nombre exact de centaines et réciproquement.

Exemple.

$$36 \times 400 \text{ ou } 400 \times 36.$$
$$4 \text{ fois } 36, \ 144; \ 14\,400.$$

RÈGLE. — Multiplier par le chiffre des centaines, puis par 100.

Exercices d'application.

$11 \times 200 = 2200$	$17 \times 200 = 3400$	$36 \times 200 = 7200$
$54 \times 200 = 10800$	$69 \times 200 = 13800$	$84 \times 200 = 16800$
$32 \times 300 = 9600$	$44 \times 300 = 13200$	$75 \times 300 = 22500$
$57 \times 300 = 17100$	$18 \times 300 = 5400$	$39 \times 300 = 11700$
$68 \times 400 = 27200$	$72 \times 400 = 28800$	$87 \times 400 = 34800$
$12 \times 400 = 4800$	$21 \times 400 = 8400$	$52 \times 400 = 20800$
$17 \times 500 = 8500$	$28 \times 500 = 14000$	$42 \times 500 = 21000$
$60 \times 500 = 30000$	$75 \times 500 = 37500$	$93 \times 500 = 46500$
$63 \times 600 = 37800$	$33 \times 600 = 19800$	$62 \times 600 = 37200$
$91 \times 600 = 54600$	$24 \times 600 = 14400$	$45 \times 600 = 27000$
$14 \times 700 = 9800$	$78 \times 700 = 54600$	$96 \times 700 = 67200$
$63 \times 700 = 44100$	$75 \times 700 = 52500$	$37 \times 700 = 25900$
$19 \times 800 = 15200$	$27 \times 800 = 21600$	$48 \times 800 = 38400$
$41 \times 800 = 32800$	$81 \times 800 = 64800$	$99 \times 800 = 79200$
$15 \times 900 = 13500$	$81 \times 900 = 75600$	$51 \times 900 = 45900$
$66 \times 900 = 59400$	$33 \times 900 = 29700$	$46 \times 900 = 41400$

CAS PARTICULIER. — Pour multiplier par 500, on prend la moitié et on multiplie par 1 000.

Exemple.

$$36 \times 500 \text{ ou } 500 \times 36.$$

La moitié de 36 est 18, 18 000.

Exercices d'application.

$12 \times 500 = 6000$	$18 \times 500 = 9000$	$24 \times 500 = 12000$
$14 \times 500 = 7000$	$20 \times 500 = 10000$	$26 \times 500 = 13000$
$16 \times 500 = 8000$	$22 \times 500 = 11000$	$28 \times 500 = 14000$
$30 \times 500 = 15000$	$48 \times 500 = 24000$	$60 \times 500 = 30000$
$34 \times 500 = 17000$	$50 \times 500 = 25000$	$64 \times 500 = 32000$
$36 \times 500 = 18000$	$54 \times 500 = 27000$	$70 \times 500 = 35000$
$40 \times 500 = 20000$	$58 \times 500 = 29000$	$80 \times 500 = 40000$

5° Un nombre inférieur à 100 par un nombre inférieur à 100.

Exemple.

$$18 \times 24 \text{ ou } 24 \times 18$$
1" 18 fois 20, 360
2" 18 fois 4, 72
3° 360 et 72, 432.

Règle. — Multiplier l'un des deux nombres par les dizaines de l'autre, puis par les unités, et réunir les résultats.

Exercices d'application.

$11 \times 11 = 121$	$12 \times 12 = 144$	$12 \times 11 = 132$
$13 \times 13 = 169$	$11 \times 13 = 143$	$12 \times 13 = 156$
$14 \times 14 = 196$	$11 \times 14 = 154$	$12 \times 14 = 168$
$13 \times 14 = 182$	$15 \times 15 = 225$	$11 \times 15 = 165$
$13 \times 15 = 195$	$16 \times 16 = 256$	$11 \times 16 = 176$
$12 \times 16 = 192$	$13 \times 16 = 208$	$14 \times 16 = 224$
$15 \times 16 = 240$	$17 \times 17 = 289$	$11 \times 17 = 187$
$12 \times 17 = 204$	$14 \times 17 = 238$	$18 \times 18 = 324$
$11 \times 18 = 198$	$12 \times 18 = 216$	$14 \times 18 = 252$
$16 \times 18 = 288$	$12 \times 24 = 288$	$12 \times 28 = 336$
$12 \times 35 = 420$	$12 \times 36 = 432$	$12 \times 42 = 504$
$12 \times 45 = 540$	$12 \times 53 = 636$	$12 \times 56 = 672$
$12 \times 64 = 768$	$12 \times 65 = 780$	$12 \times 72 = 864$
$12 \times 84 = 1008$	$12 \times 92 = 1104$	$12 \times 95 = 1140$
$18 \times 22 = 396$	$18 \times 35 = 630$	$18 \times 48 = 864$

$23 \times 35 = 805 \qquad 22 \times 26 = 572 \qquad 26 \times 32 = 832$
$22 \times 46 = 1012 \qquad 32 \times 58 = 1856 \qquad 24 \times 64 = 1536$
$28 \times 91 = 2548 \qquad 61 \times 92 = 5612 \qquad 42 \times 65 = 2730$

CAS PARTICULIERS. — 1° Pour multiplier par un nombre terminé par 9, on multiplie par la dizaine entière et l'on retranche l'autre nombre.

Exemple.

$$24 \times 59 \text{ ou } 59 \times 24$$
24 fois 60, 1440; moins 24, 1416.

Exercices d'application. $15 \times 19 = 285 \qquad 18 \times 29 = 522$
$36 \times 39 = 1404 \qquad 42 \times 49 = 2058 \qquad 54 \times 59 = 3186$
$24 \times 69 = 1656 \qquad 62 \times 79 = 4898 \qquad 12 \times 89 = 1068$
$14 \times 99 = 1386 \qquad 28 \times 69 = 1932 \qquad 72 \times 39 = 2808$

2° Pour multiplier par 15, on multiplie par 10 et on ajoute la moitié du résultat. Si le nombre est pair, on l'augmente de sa moitié et l'on multiplie par 10.

Exemple.

$$24 \times 15 \text{ ou } 15 \times 24$$
1° 24 fois 10, 240; plus 120, 360
2° 24 et 12, 36; 360.

Exercices d'application. $6 \times 15 = 90 \qquad 8 \times 15 = 120$
$5 \times 15 = 75 \qquad 7 \times 15 = 105 \qquad 9 \times 15 = 135$
$12 \times 15 = 180 \qquad 13 \times 15 = 195 \qquad 14 \times 15 = 210$
$15 \times 15 = 225 \qquad 18 \times 15 = 270 \qquad 22 \times 15 = 330$
$26 \times 15 = 390 \qquad 30 \times 15 = 450 \qquad 36 \times 15 = 540$
$40 \times 15 = 600 \qquad 48 \times 15 = 720 \qquad 50 \times 15 = 750$
$54 \times 15 = 810 \qquad 60 \times 15 = 900 \qquad 64 \times 15 = 960$
$70 \times 15 = 1050 \qquad 72 \times 15 = 1080 \qquad 80 \times 15 = 1200$
$120 \times 15 = 1800 \qquad 140 \times 15 = 2100 \qquad 160 \times 15 = 2400$

3° Pour multiplier par 25, on divise par 4 et on multiplie par 100.

Exemple.

$$48 \times 25 \text{ ou } 25 \times 48$$

Le quart de 48 est 12; 1 200.

Exercices d'application.	$4 \times 25 = 100$	$8 \times 25 = 200$
$16 \times 25 = 400$	$20 \times 25 = 500$	$24 \times 25 = 600$
$32 \times 25 = 800$	$36 \times 25 = 900$	$40 \times 25 = 1000$
$60 \times 25 = 1500$	$44 \times 25 = 1100$	$80 \times 25 = 2000$
$120 \times 25 = 3000$	$160 \times 25 = 4000$	$200 \times 25 = 5000$

4° Pour multiplier par 75, on prend le quart, on multiplie par 3 et par 100.

Exemple.

$$24 \times 75 \text{ ou } 75 \times 24$$

Le quart de 24 est 6; 3 fois 6, 18; 1 800.

Exercices d'application.	$4 \times 75 = 300$	$8 \times 75 = 600$
$16 \times 75 = 1200$	$12 \times 75 = 900$	$20 \times 75 = 1500$
$24 \times 75 = 1800$	$32 \times 75 = 2400$	$36 \times 75 = 2700$
$40 \times 75 = 3000$	$48 \times 75 = 3600$	$44 \times 75 = 3300$
$60 \times 75 = 4500$	$80 \times 75 = 6000$	$84 \times 75 = 6300$
$120 \times 75 = 9000$	$160 \times 75 = 12000$	$200 \times 75 = 15000$

6° Un nombre exact de dizaines par un nombre exact de dizaines.

Exemple.

$$250 \times 160 \text{ ou } 160 \times 250$$

25 fois 16, 400; 40 000.

RÈGLE. — Multiplier les dizaines par les dizaines, puis par 100.

Exercices d'application. $110 \times 110 = 12100$ $120 \times 120 = 14400$
$150 \times 150 = 22500$ $80 \times 150 = 12000$ $120 \times 150 = 18000$
$60 \times 150 = 9000$ $160 \times 150 = 24000$ $40 \times 250 = 10000$
$80 \times 250 = 20000$ $20 \times 250 = 5000$ $160 \times 250 = 40000$
$40 \times 750 = 30000$ $120 \times 750 = 90000$ $320 \times 750 = 240000$

7° Avec nombres décimaux.

Exemple.

$$45 \times 0,8 \text{ ou } 0,8 \times 45.$$
$$8 \text{ fois } 45, 360; 36.$$

RÈGLE. — Faire la multiplication comme si les nombres étaient entiers et tenir compte des décimales.

REMARQUE. — Il y a souvent avantage à calculer les entiers puis les décimales et à réunir les résultats.

Exercices d'application. $34 \times 0,1 = 3,40$ $86 \times 0,2 = 17,20$
$120 \times 0,02 = 2,40$ $480 \times 0,02 = 9,60$ $560 \times 0,02 = 11,20$
$16 \times 0,3 = 4,80$ $24 \times 0,3 = 7,20$ $52 \times 0,3 = 15,60$
$80 \times 0,03 = 2,40$ $120 \times 0,03 = 3,60$ $150 \times 0,03 = 4,50$
$14 \times 0,4 = 5,60$ $23 \times 0,4 = 9,20$ $35 \times 0,4 = 14$
$125 \times 0,04 = 5$ $140 \times 0,04 = 5,60$ $160 \times 0,04 = 6,40$
$12 \times 0,6 = 7,20$ $28 \times 0,6 = 16,80$ $64 \times 0,6 = 38,40$
$110 \times 0,06 = 6,60$ $212 \times 0,06 = 12,72$ $350 \times 0,06 = 21$
$12 \times 0,7 = 8,40$ $25 \times 0,7 = 17,50$ $54 \times 0,7 = 37,80$
$150 \times 0,07 = 10,50$ $200 \times 0,07 = 14$ $250 \times 0,07 = 17,50$
$18 \times 0,8 = 14,40$ $32 \times 0,8 = 25,60$ $65 \times 0,8 = 52$
$12 \times 0,08 = 9,60$ $150 \times 0,08 = 12$ $320 \times 0,08 = 25,60$
$15 \times 0,9 = 13,50$ $35 \times 0,9 = 31,50$ $75 \times 0,9 = 67,50$
$60 \times 0,09 = 5,40$ $80 \times 0,09 = 7,20$ $120 \times 0,09 = 10,80$

$0^f,15 \times 8 = 1^f,20$ $0^f,35 \times 6 = 2^f,10$ $0^f,45 \times 9 = 4^f,05$
$0^f,55 \times 4 = 2^f,20$ $0^f,65 \times 7 = 4^f,55$ $0^f,85 \times 3 = 2^f,55$
$1^f,20 \times 6 = 7^f,20$ $2^f,50 \times 8 = 20^f$ $3^f,60 \times 5 = 18^f$

$$4^f,80 \times 7 = 33^f,60 \qquad 5^f,20 \times 9 = 46^f,80$$
$$15^f,50 \times 3 = 46^f,50 \qquad 24^f,30 \times 8 = 194^f,40$$
$$31^f,40 \times 8 = 251^f,20 \qquad 42^f,60 \times 7 = 298^f,20$$
$$50^f,80 \times 6 = 304^f,80 \qquad 65^f,30 \times 5 = 326^f,50$$
$$72^f,50 \times 4 = 290^f \qquad 1^f,20 \times 12 = 14^f,40$$
$$1^f,50 \times 15 = 22^f,50 \qquad 48^f,80 \times 25 = 1220^f$$
$$8^f,40 \times 75 = 630^f \qquad 1^f,20 \times 1,50 = 1^f,80$$
$$1^f,20 \times 45 = 54^f \qquad 16^f,80 \times 25 = 420^f$$
$$1^f,50 \times 12 = 18^f \qquad 1^f,50 \times 48 = 72^f$$

Cas particuliers. — 1° Pour multiplier par 0,5 ou $\frac{1}{2}$, on prend la moitié.

Exemple.

$$24 \times 0,5 \text{ ou } 0,5 \times 24$$

La moitié de 24 est 12.

Exercices d'application.

$$8 \times 0,5 = 4 \qquad 12 \times 0,5 = 6$$
$$18 \times 0,5 = 9 \qquad 24 \times 0,5 = 12 \qquad 46 \times 0,5 = 23$$
$$54 \times 0,5 = 27 \qquad 78 \times 0,5 = 39 \qquad 92 \times 0,5 = 46$$
$$110 \times 0,5 = 55 \qquad 140 \times 0,5 = 70 \qquad 170 \times 0,5 = 85$$
$$240 \times 0,5 = 120 \qquad 250 \times 0,5 = 125 \qquad 280 \times 0,5 = 140$$
$$340 \times 0,5 = 170 \qquad 460 \times 0,5 = 230 \qquad 520 \times 0,5 = 260$$
$$124 \times 0,5 = 62 \qquad 158 \times 0,5 = 79 \qquad 234 \times 0,5 = 117$$
$$286 \times 0,5 = 143 \qquad 338 \times 0,5 = 169 \qquad 372 \times 0,5 = 186$$
$$458 \times 0,5 = 229 \qquad 496 \times 0,5 = 248 \qquad 512 \times 0,5 = 256$$

Remarque. — Pour multiplier par 0,05 ou $\frac{1}{20}$, on prend la moitié puis le 10° ou réciproquement.

Exercices d'application.

$$40 \times 0,05 = 2 \qquad 80 \times 0,05 = 4$$
$$60 \times 0,05 = 3 \qquad 120 \times 0,05 = 6 \qquad 180 \times 0,05 = 9$$
$$240 \times 0,05 = 12 \qquad 340 \times 0,05 = 17 \qquad 420 \times 0,05 = 21$$
$$580 \times 0,05 = 29 \qquad 660 \times 0,05 = 33 \qquad 840 \times 0,05 = 42$$
$$1050 \times 0,05 = 52,50 \qquad 1230 \times 0,05 = 61,50 \qquad 1570 \times 0,05 = 78,50$$
$$1690 \times 0,05 = 84,50 \qquad 2030 \times 0,05 = 101,50 \qquad 3550 \times 0,05 = 177,50$$

2° Pour multiplier par 0,25 ou $\frac{1}{4}$, on prend le quart.

Exemple.

$$36 \times 0,25 \ \text{ou} \ 0,25 \times 36$$

Le quart de 36 est 9.

Exercices d'application. 16 × 0,25 = 4   24 × 0,25 = 6
48 × 0,25 = 12   12 × 0,25 = 3   28 × 0,25 = 7
36 × 0,25 = 9   60 × 0,25 = 15   52 × 0,25 = 13
64 × 0,25 = 16   80 × 0,25 = 20   92 × 0,25 = 23
120 × 0,25 = 30   160 × 0,25 = 40   200 × 0,25 = 50
400 × 0,25 = 100   800 × 0,25 = 200   1600 × 0,25 = 400
2000 × 0,25 = 500   2400 × 0,25 = 600   3200 × 0,25 = 800
14 × 0,25 = 3,50   26 × 0,25 = 6,50   30 × 0,25 = 7,50
34 × 0,25 = 8,50   42 × 0,25 = 10,50   50 × 0,25 = 12,50
66 × 0,25 = 16,50   82 × 0,25 = 20,50   110 × 0,25 = 27,50

3° Pour multiplier par 0,75 ou $\frac{3}{4}$, on prend le quart et on multiplie par 3.

Exemple.

$$32 \times 0,75 \ \text{ou} \ 0,75 \times 32$$

Le quart de 32 est 8; 3 fois 8, 24.

Exercices d'application. 8 × 0,75 = 6   12 × 0,75 = 9
28 × 0,75 = 21   16 × 0,75 = 12   36 × 0,75 = 27
60 × 0,75 = 45   48 × 0,75 = 36   40 × 0,75 = 30
72 × 0,75 = 54   80 × 0,75 = 60   84 × 0,75 = 63
120 × 0,75 = 90   160 × 0,75 = 120   240 × 0,75 = 180
14 × 0,75 = 10,50   18 × 0,75 = 13,50   26 × 0,75 = 19,50
34 × 0,75 = 25,50   42 × 0,75 = 31,50   54 × 0,75 = 40,50

4° Pour multiplier par 0,125 ou $\frac{1}{8}$, on divise par 8.

Exemple.

$$32 \times 0,125 \ \text{ou} \ 0,125 \times 32$$

Le huitième de 32 est 4.

Exercices d'application.

$8 \times 0,125 = 1$		$24 \times 0,125 = 3$
$16 \times 0,125 = 2$	$64 \times 0,125 = 8$	$72 \times 0,125 = 9$
$56 \times 0,125 = 7$	$80 \times 0,125 = 10$	$96 \times 0,125 = 12$
$120 \times 0,125 = 15$	$160 \times 0,125 = 20$	$240 \times 0,125 = 30$
$20 \times 0,125 = 2,50$	$36 \times 0,125 = 4,50$	$52 \times 0,125 = 6,50$
$60 \times 0,125 = 7,50$	$84 \times 0,125 = 10,50$	$108 \times 0,125 = 13,50$

III. *Division.*

1° Le diviseur et le quotient n'ont qu'un chiffre.

Exemple.

$$56 : 6$$

Le 6° de 56 est 9. Il reste 2.

Exercices d'application.

$13 : 2 = 6$ r. 1	$15 : 2 = 7$ r. 1	$17 : 2 = 8$ r. 1
$19 : 3 = 6$ r. 1	$14 : 3 = 4$ r. 2	$26 : 3 = 8$ r. 2
$25 : 4 = 6$ r. 1	$35 : 4 = 8$ r. 3	$38 : 4 = 9$ r. 2
$28 : 5 = 5$ r. 3	$44 : 5 = 8$ r. 4	$48 : 5 = 9$ r. 3
$45 : 6 = 7$ r. 3	$52 : 6 = 8$ r. 4	$59 : 6 = 9$ r. 5
$48 : 7 = 6$ r. 6	$60 : 7 = 8$ r. 4	$65 : 7 = 9$ r. 2
$47 : 8 = 5$ r. 7	$70 : 8 = 8$ r. 6	$77 : 8 = 9$ r. 5
$59 : 9 = 6$ r. 5	$88 : 9 = 9$ r. 7	$80 : 9 = 8$ r. 8

7.

**2° Le diviseur est un des 9 premiers nombres
et le quotient de 2 à 9 dizaines ou centaines.**

Exemple.

$$120 : 4$$

Le quart de 12 est 3, 30.

Règle. — Diviser les dizaines ou les centaines par
le nombre. Le quotient représente des dizaines ou
des centaines.

Exercices d'application.

160 : 2 = 80	120 : 2 = 60	180 : 2 = 90
1200 : 2 = 600	1400 : 2 = 700	1000 : 2 = 500
150 : 3 = 50	210 : 3 = 80	270 : 3 = 90
2100 : 3 = 700	1800 : 3 = 600	1200 : 3 = 400
120 : 4 = 30	200 : 4 = 50	280 : 4 = 70
3200 : 4 = 800	2400 : 4 = 600	3600 : 4 = 900
300 : 5 = 60	400 : 5 = 80	450 : 5 = 90
2500 : 5 = 500	3500 : 5 = 700	2000 : 5 = 400
180 : 6 = 30	300 : 6 = 50	480 : 6 = 80
3600 : 6 = 600	4200 : 6 = 700	5400 : 6 = 900
420 : 7 = 60	560 : 7 = 80	350 : 7 = 50
4900 : 7 = 700	6300 : 7 = 900	2800 : 7 = 400
320 : 8 = 40	560 : 8 = 70	480 : 8 = 60
7200 : 8 = 900	4000 : 8 = 500	6400 : 8 = 800
450 : 9 = 50	720 : 9 = 80	630 : 9 = 70
8100 : 9 = 900	3600 : 9 = 400	5400 : 9 = 600

3° Le diviseur n'a qu'un chiffre et le quotient plusieurs.

1ᵉʳ Exemple.

$$38 : 2$$

La moitié de 38 est 19, ou
La moitié de 3 est 1; reste 18, dont la moitié est
9; 19.

Exercices d'application. (Faire indiquer le reste, s'il y a lieu.)

26 : 2 = 13	30 : 2 = 15	42 : 2 = 21
48 : 2 = 24	54 : 2 = 27	70 : 2 = 35
72 : 2 = 36	78 : 2 = 39	84 : 2 = 42
96 : 2 = 48	102 : 2 = 51	112 : 2 = 56
130 : 2 = 65	136 : 2 = 68	146 : 2 = 73
150 : 2 = 75	168 : 2 = 84	190 : 2 = 95
47 : 2 = 23 r. 1	53 : 2 = 26 r. 1	65 : 2 = 32 r. 1
81 : 2 = 40 r. 1	107 : 2 = 53 r. 1	119 : 2 = 59 r. 1
95 : 2 = 47 r. 1	125 : 2 = 62 r. 1	137 : 2 = 68 r. 1
33 : 3 = 11	42 : 3 = 14	39 : 3 = 13
48 : 3 = 16	45 : 3 = 15	51 : 3 = 17
36 : 3 = 12	54 : 3 = 18	75 : 3 = 25
96 : 3 = 32	114 : 3 = 38	129 : 3 = 43
135 : 3 = 45	162 : 3 = 54	207 : 3 = 69
213 : 3 = 71	252 : 3 = 84	276 : 3 = 92
43 : 3 = 14 r. 1	37 : 3 = 12 r. 1	74 : 3 = 24 r. 2
50 : 3 = 16 r. 2	56 : 3 = 18 r. 2	79 : 3 = 26 r. 1
106 : 3 = 35 r. 1	131 : 3 = 43 r. 2	169 : 3 = 56 r. 1
48 : 4 = 12	60 : 4 = 15	56 : 4 = 14
72 : 4 = 18	100 : 4 = 25	108 : 4 = 27
128 : 4 = 32	140 : 4 = 35	172 : 4 = 43
180 : 4 = 45	192 : 4 = 48	216 : 4 = 54
248 : 4 = 62	180 : 4 = 45	328 : 4 = 82
51 : 4 = 12 r. 3	58 : 4 = 14 r. 2	61 : 4 = 15 r. 1
97 : 4 = 24 r. 1	127 : 4 = 31 r. 3	146 : 4 = 36 r. 2
169 : 4 = 42 r. 1	195 : 4 = 48 r. 3	222 : 4 = 55 r. 2
55 : 5 = 11	65 : 5 = 13	60 : 5 = 12
70 : 5 = 14	90 : 5 = 18	75 : 5 = 15
105 : 5 = 21	125 : 5 = 25	120 : 5 = 24
160 : 5 = 32	240 : 5 = 48	270 : 5 = 54
325 : 5 = 65	360 : 5 = 72	375 : 5 = 75
63 : 5 = 12 r. 3	79 : 5 = 15 r. 4	66 : 5 = 13 r. 1
74 : 5 = 14 r. 4	92 : 5 = 18 r. 2	129 : 5 = 25 r. 4
178 : 5 = 35 r. 3	226 : 5 = 45 r. 1	328 : 5 = 65 r. 3
66 : 6 = 11	78 : 6 = 13	72 : 6 = 12
90 : 6 = 15	108 : 6 = 18	144 : 6 = 24
192 : 6 = 32	210 : 6 = 35	258 : 6 = 43
348 : 6 = 58	384 : 6 = 64	432 : 6 = 72
76 : 6 = 12 r. 4	92 : 6 = 15 r. 2	109 : 6 = 18 r. 1
155 : 6 = 25 r. 5	219 : 6 = 36 r. 3	248 : 6 = 41 r. 2
274 : 6 = 45 r. 4	317 : 6 = 52 r. 5	393 : 6 = 65 r. 3

77 : 7 = 11	98 : 7 = 14	84 : 7 = 12
105 : 7 = 15	154 : 7 = 22	175 : 7 = 25
196 : 7 = 28	245 : 7 = 35	294 : 7 = 42
315 : 7 = 45	392 : 7 = 56	455 : 7 = 65
90 : 7 = 12 r. 6	101 : 7 = 14 r. 3	110 : 7 = 15 r. 5
116 : 7 = 16 r. 4	170 : 7 = 24 r. 2	218 : 7 = 31 r. 1
256 : 7 = 36 r. 4	306 : 7 = 43 r. 5	321 : 7 = 45 r. 6
96 : 8 = 12	112 : 8 = 14	88 : 8 = 11
104 : 8 = 13	120 : 8 = 15	144 : 8 = 18
192 : 8 = 24	256 : 8 = 32	200 : 8 = 25
280 : 8 = 35	352 : 8 = 44	416 : 8 = 52
97 : 8 = 12 r. 1	123 : 8 = 15 r. 3	135 : 8 = 16 r. 7
178 : 8 = 22 r. 2	230 : 8 = 28 r. 6	273 : 8 = 34 r. 1
364 : 8 = 45 r. 4	420 : 8 = 52 r. 4	526 : 8 = 65 r. 6
99 : 9 = 11	126 : 9 = 14	117 : 9 = 13
108 : 9 = 12	135 : 9 = 15	144 : 9 = 16
162 : 9 = 18	225 : 9 = 25	306 : 9 = 34
405 : 9 = 45	468 : 9 = 52	567 : 9 = 63
115 : 9 = 12 r. 7	122 : 9 = 13 r. 5	139 : 9 = 15 r. 4
206 : 9 = 22 r. 8	235 : 9 = 26 r. 1	293 : 9 = 32 r. 5
345 : 9 = 38 r. 3	371 : 9 = 41 r. 2	411 : 9 = 45 r. 6

2ᵉ *Exemple.*

$$432 : 3$$

Le tiers de 43 est 14; il reste 12 dont le tiers est 4; 144.

Exercices d'application.

220 : 2 = 110	480 : 2 = 240	620 : 2 = 310
246 : 2 = 123	468 : 2 = 234	604 : 2 = 302
218 : 2 = 109	254 : 2 = 127	332 : 2 = 166
376 : 2 = 188	458 : 2 = 229	492 : 2 = 246
562 : 2 = 281	632 : 2 = 316	716 : 2 = 358
360 : 3 = 120	450 : 3 = 150	720 : 3 = 240
396 : 3 = 132	426 : 3 = 142	519 : 3 = 173
351 : 3 = 117	372 : 3 = 124	405 : 3 = 135
417 : 3 = 139	435 : 3 = 145	525 : 3 = 175
522 : 3 = 174	624 : 3 = 208	615 : 3 = 205

$520 : 4 = 130$	$720 : 4 = 180$	$1000 : 4 = 250$
$488 : 4 = 122$	$604 : 4 = 151$	$608 : 4 = 152$
$540 : 4 = 135$	$616 : 4 = 154$	$700 : 4 = 175$
$832 : 4 = 208$	$860 : 4 = 215$	$1016 : 4 = 254$
$600 : 5 = 120$	$850 : 5 = 170$	$1150 : 5 = 230$
$655 : 5 = 131$	$905 : 5 = 181$	$1255 : 5 = 251$
$575 : 5 = 115$	$625 : 5 = 125$	$760 : 5 = 152$
$920 : 5 = 184$	$1175 : 5 = 235$	$1375 : 5 = 275$
$660 : 6 = 110$	$900 : 6 = 150$	$1560 : 6 = 260$
$726 : 6 = 121$	$846 : 6 = 141$	$1506 : 6 = 251$
$750 : 6 = 125$	$876 : 6 = 146$	$1104 : 6 = 184$
$840 : 7 = 120$	$1050 : 7 = 150$	$1680 : 7 = 240$
$917 : 7 = 131$	$1127 : 7 = 161$	$1757 : 7 = 251$
$784 : 7 = 112$	$875 : 7 = 125$	$1064 : 7 = 152$
$960 : 8 = 120$	$1200 : 8 = 150$	$2000 : 8 = 250$
$1048 : 8 = 131$	$1128 : 8 = 141$	$1448 : 8 = 181$
$1000 : 8 = 125$	$1232 : 8 = 154$	$1968 : 8 = 246$
$1080 : 9 = 120$	$1260 : 9 = 140$	$1620 : 9 = 180$
$1359 : 9 = 151$	$2259 : 9 = 251$	$1809 : 9 = 201$
$1125 : 9 = 125$	$1278 : 9 = 142$	$1485 : 9 = 165$

CAS PARTICULIERS. — 1° Pour diviser par 5, on divise par 10 et on double le résultat, ou réciproquement.

Exemple.

$$340 : 5$$

2 fois 34 font 68.

Exercices d'application.

$60 : 5 = 12$	$70 : 5 = 14$	$90 : 5 = 18$
$110 : 5 = 22$	$140 : 5 = 28$	$180 : 5 = 36$
$220 : 5 = 44$	$250 : 5 = 50$	$270 : 5 = 54$
$330 : 5 = 66$	$360 : 5 = 72$	$390 : 5 = 78$
$420 : 5 = 84$	$470 : 5 = 94$	$460 : 5 = 92$
$530 : 5 = 106$	$550 : 5 = 110$	$580 : 5 = 116$
$640 : 5 = 128$	$660 : 5 = 132$	$690 : 5 = 138$
$125 : 5 = 25$	$235 : 5 = 47$	$375 : 5 = 75$

2° Pour diviser par 4, on prend la moitié, puis la moitié du résultat.

Exemple.

324 : 4

La moitié de 324 est 162; la moitié de 162 est 81.

3° Pour diviser par 6, on prend la moitié puis le tiers du résultat, ou réciproquement.

Exemple.

144 : 6

La moitié de 144 est 72; le tiers de 72 est 24.

4° Pour diviser par 8, on prend la moitié, puis le quart du résultat ou réciproquement.

Exemple.

120 : 8

La moitié de 120 est 60; le quart de 60 est 15.

Exercices d'application.

44 : 4 = 11	52 : 4 = 13	68 : 4 = 17
72 : 4 = 18	84 : 4 = 21	96 : 4 = 24
124 : 4 = 31	116 : 4 = 29	104 : 4 = 26
128 : 4 = 32	144 : 4 = 36	176 : 4 = 44
192 : 4 = 48	212 : 4 = 53	228 : 4 = 57
248 : 4 = 62	300 : 4 = 75	336 : 4 = 84
460 : 4 = 115	520 : 4 = 130	600 : 4 = 150
900 : 4 = 225	960 : 4 = 240	1100 : 4 = 275
72 : 6 = 12	84 : 6 = 14	108 : 6 = 18
90 : 6 = 15	132 : 6 = 22	150 : 6 = 25
186 : 6 = 31	210 : 6 = 35	252 : 6 = 42
276 : 6 = 46	324 : 6 = 54	378 : 6 = 63

$330 : 6 = 55$ $390 : 6 = 65$ $432 : 6 = 72$
$450 : 6 = 75$ $492 : 6 = 82$ $624 : 6 = 104$
$672 : 6 = 112$ $660 : 6 = 110$ $720 : 6 = 120$
$750 : 6 = 125$ $780 : 6 = 130$ $840 : 6 = 140$
$96 : 8 = 12$ $88 : 8 = 11$ $104 : 8 = 13$
$120 : 8 = 15$ $112 : 8 = 14$ $144 : 8 = 18$
$136 : 8 = 17$ $192 : 8 = 24$ $176 : 8 = 22$
$200 : 8 = 25$ $224 : 8 = 28$ $272 : 8 = 34$
$336 : 8 = 42$ $360 : 8 = 45$ $408 : 8 = 51$
$504 : 8 = 63$ $576 : 8 = 72$ $600 : 8 = 75$
$672 : 8 = 84$ $840 : 8 = 105$ $896 : 8 = 112$
$920 : 8 = 115$ $960 : 8 = 120$ $1120 : 8 = 140$

**4° Le diviseur est un nombre exact
de dizaines ou de centaines.**

Exemple.

$$240 : 60$$

Le 6ᵉ de 24 est 4.

RÈGLE. — Diviser les dizaines par les dizaines ou les centaines par les centaines.

Exercices d'application.

$100 : 20 = 5$ $160 : 20 = 8$ $140 : 20 = 7$
$120 : 20 = 6$ $180 : 20 = 9$ $240 : 20 = 12$
$3000 : 200 = 15$ $4800 : 200 = 24$ $7000 : 200 = 35$
$180 : 30 = 6$ $270 : 30 = 9$ $240 : 30 = 8$
$480 : 30 = 16$ $360 : 30 = 12$ $750 : 30 = 25$
$2100 : 300 = 7$ $9600 : 300 = 32$ $13500 : 300 = 45$
$160 : 40 = 4$ $280 : 40 = 7$ $360 : 40 = 9$
$560 : 40 = 14$ $1040 : 40 = 26$ $1280 : 40 = 32$
$3200 : 400 = 8$ $4800 : 400 = 12$ $10000 : 400 = 25$
$350 : 50 = 7$ $450 : 50 = 9$ $400 : 50 = 8$
$750 : 50 = 15$ $1300 : 50 = 26$ $2100 : 50 = 42$
$3000 : 500 = 6$ $6000 : 500 = 12$ $12500 : 500 = 25$
$300 : 60 = 5$ $480 : 60 = 8$ $420 : 60 = 7$

1080 : 60 = 18	1560 : 60 = 26	2640 : 60 = 44
5400 : 600 = 9	9000 : 600 = 15	14400 : 600 = 24
280 : 70 = 4	490 : 70 = 7	630 : 70 = 9
840 : 70 = 12	1120 : 70 = 16	1750 : 70 = 25
5600 : 700 = 8	10500 : 700 = 15	22400 : 700 = 32
240 : 80 = 3	400 : 80 = 5	560 : 80 = 7
1120 : 80 = 14	1760 : 80 = 22	2800 : 80 = 35
6400 : 800 = 8	12800 : 800 = 16	20000 : 800 = 25
450 : 90 = 5	720 : 90 = 8	810 : 90 = 9
1080 : 90 = 12	1350 : 90 = 15	2520 : 90 = 28
6300 : 900 = 7	12600 : 900 = 14	21600 : 900 = 24

Cas particuliers. — 1° Pour diviser par 20, on divise par 10, puis par 2, ou réciproquement.

Exemple.

130 : 20

La moitié 13 est 6 et demi; 6,5.

Exercices d'application.

120 : 20 = 6	360 : 20 = 18	640 : 20 = 32
140 : 20 = 7	240 : 20 = 12	920 : 20 = 46
110 : 20 = 5,5	170 : 20 = 8,5	190 : 20 = 9,5
170 : 20 = 8,5	230 : 20 = 11,5	310 : 20 = 15,5
290 : 20 = 14,5	430 : 20 = 21,5	550 : 20 = 27,5
670 : 20 = 33,5	910 : 20 = 45,5	1550 : 20 = 77,5
1050 : 20 = 52,5	1290 : 20 = 64,5	1710 : 20 = 85,5

2° Pour diviser par 50, on divise par 100 et on double le résultat.

Exemple.

3 600 : 50

2 fois 36 font 72.

Exercices d'application.

100 : 50 = 8	800 : 50 = 16	600 : 50 = 12
1200 : 50 = 24	1600 : 50 = 32	2200 : 50 = 44
2400 : 50 = 48	2800 : 50 = 56	3100 : 50 = 62
3600 : 50 = 72	3900 : 50 = 78	4200 : 50 = 84
5100 : 50 = 102	5600 : 50 = 112	6300 : 50 = 126
6600 : 50 = 132	7200 : 50 = 144	7900 : 50 = 158
8000 : 50 = 160	8400 : 50 = 168	9300 : 50 = 186

5° Division par 12, 15, 25, 75, 125.

Pour diviser par 12, on prend le tiers, puis le quart, ou réciproquement.

Exemple.

$$360 : 12$$

Le tiers de 36 est 12 ; le quart de 12 est 3 ; 30.

Exercices d'application.

60 : 12 = 5	96 : 12 = 8	108 : 12 = 9
84 : 12 = 7	132 : 12 = 11	144 : 12 = 12
180 : 12 = 15	240 : 12 = 20	360 : 12 = 30
600 : 12 = 50	480 : 12 = 40	720 : 12 = 60
960 : 12 = 80	840 : 12 = 70	1080 : 12 = 90
300 : 12 = 25	156 : 12 = 13	216 : 12 = 18
276 : 12 = 23	336 : 12 = 28	384 : 12 = 32
540 : 12 = 45	612 : 12 = 51	768 : 12 = 64

Pour diviser par 15, on divise par 3, puis par 5, ou réciproquement.

Exemple.

$$600 : 15$$

Le tiers de 60 est 20 ; le 5° de 20 est 4 ; 40.

Exercices d'application.

60 : 15 = 4	105 : 15 = 7	90 : 15 = 6
120 : 15 = 8	135 : 15 = 9	75 : 15 = 5
300 : 15 = 20	600 : 15 = 40	750 : 15 = 50
1200 : 15 = 80	900 : 15 = 60	450 : 15 = 30
1050 : 15 = 70	1350 : 15 = 90	165 : 15 = 11
180 : 15 = 12	210 : 15 = 14	240 : 15 = 16
225 : 15 = 15	270 : 15 = 18	360 : 15 = 24
480 : 15 = 32	660 : 15 = 44	720 : 15 = 48

Pour diviser par 25, on divise par 100 et on multiplie par 4.

Exemple.

1 200 : 25

4 fois 12, 48.

Exercices d'application.

200 : 25 = 8	500 : 25 = 20	300 : 25 = 12
400 : 25 = 16	900 : 25 = 36	600 : 25 = 24
800 : 25 = 32	700 : 25 = 28	1300 : 25 = 52
1200 : 25 = 48	1500 : 25 = 60	2400 : 25 = 96
3500 : 25 = 140	4000 : 25 = 160	2800 : 25 = 112
3700 : 25 = 148	4400 : 25 = 176	5200 : 25 = 208

Pour diviser par 75, on divise par 100, puis par 3, et on multiplie par 4.

Exemple.

3 600 : 75

Le tiers de 36 est 12 ; 4 fois 12, 48.

Exercices d'application.

600 : 75 = 8	1500 : 75 = 20	1200 : 75 = 16
900 : 75 = 12	2400 : 75 = 32	2100 : 75 = 28
2700 : 75 = 36	3900 : 75 = 52	4500 : 75 = 60

$$3300 : 75 = 44 \qquad 4200 : 75 = 56 \qquad 5400 : 75 = 72$$
$$3000 : 75 = 40 \qquad 6000 : 75 = 80 \qquad 9000 : 75 = 120$$
$$12000 : 75 = 160 \qquad 15000 : 75 = 200 \qquad 18000 : 75 = 240$$

Pour diviser par 125, on divise par 1 000 et on multiplie par 8.

Exemple.

3 000 : 125

3 fois 8, 24.

Exercices d'application.

$$2000 : 125 = 16 \qquad 1000 : 125 = 32 \qquad 6000 : 125 = 48$$
$$5000 : 125 = 40 \qquad 7000 : 125 = 56 \qquad 9000 : 125 = 72$$
$$8000 : 125 = 64 \qquad 12000 : 125 = 96 \qquad 11000 : 125 = 88$$
$$14000 : 125 = 112 \qquad 16000 : 125 = 128 \qquad 15000 : 125 = 120$$
$$20000 : 125 = 160 \qquad 25000 : 125 = 200 \qquad 30000 : 125 = 240$$
$$50000 : 125 = 400 \qquad 40000 : 125 = 320 \qquad 60000 : 125 = 480$$

6° Avec nombres décimaux.
Division par 0,2, 0,3, 0,4, 0,5, etc.

Exemple.

32 : 0,8

Le 8ᵉ de 32 est 4; 4 fois 10, 40.

RÈGLE. — Diviser par le nombre considéré comme entier et multiplier par 10.

Exercices d'application.

$$4 : 0,2 = 20 \qquad 8 : 0,2 = 40 \qquad 18 : 0,2 = 90$$
$$34 : 0,2 = 170 \qquad 46 : 0,2 = 230 \qquad 70 : 0,2 = 350$$
$$3 : 0,2 = 15 \qquad 5 : 0,2 = 25 \qquad 9 : 0,2 = 45$$
$$15 : 0,2 = 75 \qquad 25 : 0,2 = 125 \qquad 35 : 0,2 = 175$$
$$6 : 0,3 = 20 \qquad 12 : 0,3 = 40 \qquad 9 : 0,3 = 30$$
$$15 : 0,3 = 50 \qquad 21 : 0,3 = 70 \qquad 18 : 0,3 = 60$$
$$24 : 0,3 = 80 \qquad 60 : 0,3 = 200 \qquad 75 : 0,3 = 250$$

90 : 0,3 = 300	120 : 0,3 = 400	135 : 0,3 = 450
8 : 0,4 = 20	16 : 0,4 = 40	40 : 0,4 — 100
32 : 0,4 = 80	24 : 0,4 = 60	44 : 0,4 = 110
48 : 0,4 = 120	60 : 0,4 = 150	100 : 0,4 = 250
120 : 0,4 = 300	30 : 0,4 = 75	46 : 0,4 = 115
30 : 0,5 = 60	10 : 0,5 = 20	25 : 0,5 = 50
15 : 0,5 = 30	35 : 0,5 = 70	45 : 0,5 = 90
60 : 0,5 = 120	75 : 0,5 = 150	80 : 0,5 = 160
95 : 0,5 = 190	110 : 0,5 = 220	125 : 0,5 = 250
18 : 0,6 = 30	30 : 0,6 = 50	24 : 0,6 = 40
48 : 0,6 = 80	42 : 0,6 = 70	66 : 0,6 = 110
72 : 0,6 = 120	90 : 0,6 = 150	120 : 0,6 = 200
138 : 0,6 = 230	150 : 0,6 = 250	168 : 0,6 = 280
14 : 0,7 = 20	35 : 0,7 = 50	21 : 0,7 = 30
42 : 0,7 = 60	28 : 0,7 = 40	49 : 0,7 = 70
63 : 0,7 = 90	70 : 0,7 = 100	84 : 0,7 = 120
105 : 0,7 = 150	126 : 0,7 = 180	147 : 0,7 = 210
24 : 0,8 = 30	40 : 0,8 = 50	16 : 0,8 = 20
32 : 0,8 = 40	56 : 0,8 = 70	48 : 0,8 = 60
64 : 0,8 = 80	96 : 0,8 = 120	112 : 0,8 = 140
104 : 0,8 = 130	120 : 0,8 — 150	144 : 0,8 = 180
18 : 0,9 = 20	36 : 0,9 = 40	54 : 0,9 = 60
27 : 0,9 = 30	45 : 0,9 = 50	63 : 0,9 = 70
81 : 0,9 = 90	72 : 0,9 = 80	108 : 0,9 = 120
126 : 0,9 = 140	135 : 0,9 = 150	180 : 0,9 = 200

CAS PARTICULIER. — Pour diviser par 0,5 ou $\frac{1}{2}$, on multiplie par 2.

Exemple.

36 : 0,5

2 fois 36 font 72.

Exercices d'application.

3 : 0,5 = 6	7 : 0,5 = 14	8 : 0,5 = 16
11 : 0,5 = 22	14 : 0,5 = 28	19 : 0,5 = 38
25 : 0,5 = 50	28 : 0,5 = 56	35 : 0,5 = 70
43 : 0,5 = 86	52 : 0,5 = 104	65 : 0,5 = 130
76 : 0,5 = 152	84 : 0,5 = 168	95 : 0,5 = 190
125 : 0,5 = 250	152 : 0,5 = 304	175 : 0,5 = 350

7° **Division par 0,25 ou $\frac{1}{4}$, 0,75 ou $\frac{3}{4}$, 0,125 ou $\frac{1}{8}$.**

Pour diviser par 0,25, on multiplie par 4.

Exemple.

8 : 0,25

8 fois 4, 32.

Exercices d'application.

6 : 0,25 = 24	9 : 0,25 = 36	11 : 0,25 = 44
15 : 0,25 = 60	18 : 0,25 = 72	20 : 0,25 = 80
25 : 0,25 = 100	32 : 0,25 = 128	41 : 0,25 = 164
56 : 0,25 = 224	60 : 0,25 = 240	72 : 0,25 = 288
80 : 0,25 = 320	90 : 0,25 = 360	120 : 0,25 = 480
132 : 0,25 = 528	150 : 0,25 = 600	180 : 0,25 = 720

Pour diviser par 0,75, on divise par 3 et on multiplie par 4.

Exemple.

15 : 0,75

Le tiers de 15 est 5 ; 4 fois 5, 20.

Exercices d'application.

9 : 0,75 = 12	15 : 0,75 = 20	21 : 0,75 = 28
18 : 0,75 = 24	27 : 0,75 = 36	30 : 0,75 = 40
36 : 0,75 = 48	45 : 0,75 = 60	39 : 0,75 = 52
72 : 0,75 = 96	90 : 0,75 = 120	120 : 0,75 = 160
60 : 0,75 = 80	156 : 0,75 = 208	225 : 0,75 = 300
240 : 0,75 = 320	270 : 0,75 = 360	315 : 0,75 = 420

Pour diviser par 0,125, on multiplie par 8.

Exemple.

4 : 0,125

8 fois 4, 32.

Exercices d'application.

5 : 0,125 = 40	6 : 0,125 = 48	9 : 0,125 = 72
7 : 0,125 = 56	10 : 0,125 = 80	11 : 0,125 = 88
15 : 0,125 = 120	12 : 0,125 = 96	20 : 0,125 = 160
25 : 0,125 = 200	40 : 0,125 = 320	54 : 0,125 = 432
60 : 0,125 = 480	80 : 0,125 = 640	120 : 0,125 = 960
150 : 0,125 = 1200	200 : 0,125 = 1600	275 : 0,125 = 2200

TABLE DES MATIÈRES

CHAPITRE Ier.

Calcul par unité de 1 à 10.

Nombre un.	1	Nombre six.	
— deux.	1	— sept.	5
— trois.	2	— huit.	5
— quatre.	3	— neuf.	6
— cinq.	3	— dix.	7
Revision.			7

CHAPITRE II.

Calcul par unité de 10 à 100.

De 10 à 20.	8	De 60 à 70.	13
De 20 à 30.	9	De 70 à 80.	14
De 30 à 40.	10	De 80 à 90.	15
De 40 à 50.	11	De 90 à 100.	16
De 50 à 60.	12		
Revision.			17

CHAPITRE III.

Calcul par 2.

De 1 à 11.	18	De 50 à 61.	24
De 10 à 21.	19	De 60 à 71.	25
De 20 à 31.	20	De 70 à 81.	26
De 30 à 41.	21	De 80 à 91.	27
De 40 à 51.	23	De 90 à 101.	29
Revision.			30

CHAPITRE IV.

Calcul par 3, 4, 5, 6, 7, 8, 9 dans les deux premières dizaines.

Par 3 de 1 à 12.	31	Par 6 de 10 à 25.	39
Par 3 de 10 à 22.	32	Par 7 de 1 à 16.	40
Par 4 de 1 à 13.	34	Par 7 de 10 à 26.	41
Par 4 de 10 à 23.	35	Par 8 de 1 à 17.	42
Par 5 de 1 à 14.	36	Par 8 de 10 à 27.	43
Par 5 de 10 à 24.	37	Par 9 de 1 à 18.	44
Par 6 de 1 à 15.	38	Par 9 de 10 à 28.	45

Revision.   46

CHAPITRE V.

Calcul par 10, 3, 4, 5, 6, 7, 8, 9 de 1 à 100.

Par 10.	47	Par 6.	53
Par 3.	48	Par 7.	54
Par 4.	50	Par 8.	56
Par 5.	51	Par 9.	58

Revision.   59

CHAPITRE VI.

Table de multiplication et de division.

Par 1.	60	Par 7.	67
Par 2.	60	Par 8.	69
Par 3.	62	Par 9.	70
Par 4.	63	Par 10.	71
Par 5.	64	Par 100.	73
Par 6.	66	Par 1000.	75

Revision.   76

Questions usuelles.   77

CHAPITRE VII.

CALCUL PAR DES NOMBRES SUPÉRIEURS A 10.

I. Addition et Soustraction.

1º Par les 9 premiers nombres. (Revision et suite jusqu'à 500 ou 1000.)   77

2º Par un nombre exact de dizaines, le premier nombre étant un nombre exact de dizaines.   78

3º Par un nombre exact de dizaines, le premier nombre étant
quelconque. 78

4º Par un nombre quelconque inférieur à 100. 79

5º Par un nombre exact de centaines, le premier nombre étant
un nombre exact de centaines. 81

6º Par un nombre exact de centaines, le premier nombre étant
quelconque. 82

7º Par un nombre quelconque entre 100 et 1000. 83

8º Avec nombres décimaux. 85

II. Multiplication.

1º Un nombre exact de dizaines par l'un des 9 premiers nombres ou réciproquement. 87

2º Un nombre inférieur à 100 par l'un des 9 premiers nombres. 87

Cas particuliers : Le nombre inférieur à 100 est terminé
par 8 ou par 9. 88

Multiplication par 5. 89

3º Un nombre inférieur à 100 par un nombre exact de dizaines
et réciproquement. 89

Cas particulier : Multiplication par 50. 90

4º Un nombre inférieur à 100 par un nombre exact de centaines
et réciproquement. 91

Cas particulier : Multiplication par 500. 91

5º Un nombre inférieur à 100 par un nombre inférieur à 100. 92

Cas particuliers : Multiplication par un nombre terminé
par 9. 93

Multiplication par 15. 93

— par 25. 94

— par 75. 94

6º Un nombre exact de dizaines par un nombre exact de dizaines. 94

7º Avec nombres décimaux. 95

Cas particuliers : Multiplication par   0,5 ou $\frac{1}{2}$ par 0,05 ou $\frac{1}{20}$. 96

— par 0,25 ou $\frac{1}{4}$ — 97

— par 0,75 ou $\frac{3}{4}$ — 97

— par 0,125 ou $\frac{1}{8}$ — 98

III. Division.

1º Le diviseur et le quotient n'ont qu'un chiffre.   9S

2º Le diviseur est un des 9 premiers nombres et le quotient
de 2 à 9 dizaines ou centaines.   99

3º Le diviseur n'a qu'un chiffre et le quotient plusieurs.   99

Cas particuliers : Division par 5.   102

             —   par 4, par 6, par 8.   103

4º Le diviseur est un nombre exact de dizaines ou de centaines.   104

Cas particuliers : Division par 20, par 50.   105

5º Division par 12, 15, 25, 75, 125.   106

6º Avec nombres décimaux. Division par 0,2. 0,3, 0,4, etc.   108

Cas particulier : Division par 0,5 ou $\dfrac{1}{2}$.   109

7º Division par 0,25 ou $\dfrac{1}{4}$, 0,75 ou $\dfrac{3}{4}$, 0,125 ou $\dfrac{1}{8}$.   110

—◇◆◇—

Paris. — Imprimerie DELALAIN, 18, rue Séguier.